区域与城市规划的理论和方法

韩 波 著

ZHEJIANG UNIVERSITY PRESS
浙江大学出版社

图书在版编目(CIP)数据

区域与城市规划的理论和方法/韩波著. —杭州：
浙江大学出版社,2020.7
ISBN 978-7-308-20290-9

Ⅰ.①区… Ⅱ.①韩… Ⅲ.①城市规划—研究 Ⅳ.
①TU984

中国版本图书馆 CIP 数据核字(2020)第 104430 号

区域与城市规划的理论和方法
韩 波 著

责任编辑	石国华	
责任校对	严 莹 夏湘娣	
封面设计	刘依群	
出版发行	浙江大学出版社	
	(杭州市天目山路 148 号 邮政编码 310007)	
	(网址：http://www.zjupress.com)	
排 版	杭州星云光电图文制作有限公司	
印 刷	杭州高腾印务有限公司	
开 本	710mm×1000mm 1/16	
印 张	12.75	
字 数	250 千	
版 印 次	2020 年 7 月第 1 版 2020 年 7 月第 1 次印刷	
书 号	ISBN 978-7-308-20290-9	
定 价	197.00 元	

前　言

以马克思主义哲学为指导的科学方法论是提升区域与城市规划研究和实践活动科学性、权威性和可操作性的根本基石与有效手段。有鉴于此,本书突出三个方面的重点思考,做一颗小小的铺路石。

第一,突出对科学研究方法论基础理论的认知与研究。本书在深入研究相关文献的基础上,比较全面、系统地梳理了科学的三个内涵(知识体系、生产知识体系的活动和过程、社会建制),科学方法的基本含义、三种存在形态(思想观念、理论学说、实践方法或物质工具)、三个层次分类(哲学方法、一般方法以及特殊方法)及其相互之间的关系,扼要地总结了科学方法论及其重要意义、五大哲学方法论原则和五大科学研究方法论准则,为科学研究和实践活动提供比较清晰的概念、逻辑和基础理论框架。

第二,突出对区域与城市规划科学研究方法论体系的结构性研究。本书中《区域与城市规划科学研究方法论的五点思考》一文,以理论方面最重要、实践角度最急需以及具体操作最实用为指导原则,着重探讨了区域与城市规划研究活动和社会实践中的研究对象认识方法、"区划思维—土地利用规划"和"综合思维—复合集成规划设计"核心方法、主导理论的认识与选择方法、调查研究实操方法、成果汇报表达方法等五个方法论。同时,就两个重大的现实课题(划分城乡建设空间边界和提升城镇土地利用率),提出相应的方法论思路。

第三,突出哲学和科学方法论对科研与实践活动的指导作用及应用研究。正确的理论是方法的一种形态,而方法论本身也是理论的重要组成部分。本书22篇文章既是针对各个具体理论或实践问题的研讨,也是针对所涉及问题的认识方法、研究方法和实践方法的思考与探索,更是哲学方法论原则和科学方法论准则对研究活动的具体指导,以及在实际研究中的具体应用。

本书可供区域与城市规划、资源与环境规划、经济社会发展规划以及其他相关专业的高校师生、规划设计或规划管理工作者参考。欢迎读者批评、指正。

韩波

759350117@qq.com

2020 年 5 月 6 日

目　录

区域与城市规划科学研究方法论的
五点思考

——基于马克思主义哲学和科学方法论视角

【摘要】 本文以马克思主义哲学和科学方法论为指导,采用物质工具(实践方法)的"分析—还原"方法,对区域与城市规划方法论体系中研究对象的认识方法、"区划思维—土地利用规划"方法和"综合思维—复合集成规划设计"方法、主导理论或理论基础的选择方法、调查研究实操方法和成果汇报表达方法等进行思考与总结;同时,就划定城乡建设空间边界、提高土地利用集约程度、优化国土空间规划体系和规划单元、完善规划编制规程或规则等课题,提出了相应的方法论思路。

人们在认识世界和改造世界的过程中,都必须运用一定的方法。方法得当,就会有所收获,且事半功倍;反之,必定事倍功半,或一无所获,甚至损失惨重。毛泽东曾指出:"我们的任务是过河,但是没有桥或没有船就不能过。不解决桥或船的问题,过河就是一句空话。不解决方法问题,任务也只是瞎说一顿。"①英国哲学家、数学家皮尔逊(K. Pearson)指出:"整个科学的统一只在于其方法而不在于其材料。"比利时科学家萨顿(G. Sarton)认为:"一部科学史,在很大程度上就是一部工具史。"我国教育家蔡元培说:"科学知识是点成的金,量终有限;科学方法则是点石成金的手指,可以产生无穷的金。"

与其临渊羡鱼,不如退而结网。本文以辩证与历史唯物主义方法论原则和科学方法论准则为指导,以物质工具(实践方法)的"分析—还原"方法为主(即依据客观事实的实证方法),对区域与城市规划方法论体系中研究对象的认识方法、"区划思维—土地利用规划"方法和"综合思维—复合集成规划设计"方法、主导理论或理论基础的选择方法、调查研究实操方法和成果汇报表达方法等进行思考与总结;同时,就划定城乡建设空间边界、提高土地利用集约程度、优化国土规划体系和规划单元、完善规划编制规程或规则等课题,提出相应的

---

① 毛泽东.关心群众生活,注意工作方法[M]//毛泽东选集:第 1 卷.北京:人民出版社,1961.

方法论思路,供交流与批评。

一、科学方法论是科学、科学方法和哲学思想的综合体

科学研究方法论的产生和发展深受哲学世界观的影响与支配,起始于自然科学及其进步,随社会科学、人文科学的发展而逐步丰富与深化。综合地对此做一点梳理,是为后续思考铺垫一些必要的理论基础和分析框架。

(一)区域与城市规划是生产知识体系的科学研究活动和实践过程

科学有三个方面的内涵:(1)科学是人类关于自然、社会和思维等事物本质和运动规律的知识体系,包括自然、社会和人文科学三大部分。[①] 达尔文(C. R. Darwin)说:"科学就是整理事实,以便从中得出普遍的规律或结论。"对照这个内涵,国内外公认的区域与城市规划研究成果和实践成就,均具有客观性、规律性、严谨性、系统化和普适性等科学特征。(2)科学是生产知识体系的活动和过程。[②] 爱因斯坦(A. Einstein)说:"科学是寻求我们感觉经验之间规律性关系的、有条理的思想。它是直接产生知识,间接产生行动的手段。"如果研究及其实践活动的对象是客观存在的,活动的目的是探寻对象本质及其变化规律性的确切知识,且这种探寻知识体系的活动所采用的是科学方法,那么这个活动和过程就可以称为科学活动。以此考量,国内外公认的区域与城市规划的学术研究和实践活动也符合这个科学内涵。(3)科学是一种社会建制。以此审视,区域与城市规划现已成为现代国家社会的重要组成部分和战略性事业。其理论研究与实践活动已经由过去的个人行为、分散化行动,逐步演进为一种组织化、职业化、规范化、相对独立和目标导向的社会行动。根据 2019 年资料,北美 78 所大学的区域与城市规划教学点,除了部分仍保留在建筑、景观等传统学科,有一半以上则落户在社会和行为、公共事务、环境政策、管理、艺术和科学、地理、生命、自然等学科群中,并获得了持续的发展。[③]

把生产知识体系的活动和过程理解为科学的前提,是必须符合科学方法论的五大准则或原则[④]——它们构成了科学与伪科学、非科学的划界准则。

一是具有客观的经验基础。主体以直觉、知觉、表象形式等获取的关于自然界或社会事物的感性认识,是逻辑分析、理性认识等必不可缺的原始材料或

①《辞海》编辑委员会. 辞海[M]. 上海:辞书出版社,1989:4568.

②《中国大百科全书》编辑委员会. 中国大百科全书·哲学[M]. 北京:中国大百科全书出版社,1987.

③美国规划专业认证局. 通过认证的美国大学规划专业系科[EB/OL]. (2019-06-17)[2020-02-05]. http://www.planningaccreditationboard.org/.

④杨建军. 科学研究方法概论[M]. 北京:国防工业出版社,2006:50-58.

经验基础。

二是合乎逻辑原则。恩格斯指出:"离开了思维便不能前进一步,而要有思维就必须有逻辑范畴。"①逻辑是指导科学研究活动保持正确思维的基础和前提;概念、判断和推理以及同一律、矛盾律和排中律,则为正确的科学研究活动提供了思维形式和判断规则的框架。

三是确定性原则。(1)科学活动必须有客观、明确且独特的对象、问题和方向。(2)根据"在任何时候都必须用思想的首尾一贯性去帮助还不充分的知识"②的逻辑,科学活动的研究目的、具体问题、解决方案、实践活动等必须是明确,且连贯一致的。(3)尽可能地运用已有的认知或理论,去回应未来之问或待解之题,而绝对不能以不确定的现今或未知作为依据,来解答或应对未来。

四是简洁性原则。亚里士多德(Aristotle)、奥卡姆(William of Occam)提出"如无必要,勿增实体"和"能以较少者完成的事物若以较多者去做即是徒劳";马赫(E. Mach)认为对被描述对象的认识越深刻,则对它的阐述就会越简洁和越经济。简洁是科学研究活动应该遵循的一条重要准则,反映了科学和艺术共同的审美特征——节约原则(即"奥卡姆剃刀"或"思维经济原则")。邓小平主张并践行的"学马列要精,要管用的"方法论,就是一个实证了的成功典范。

五是可操作和可检验原则。国内外公认的研究成果和实践经验,都是可以实际操作的,都可以具体指标进行客观化评估和衡量,并以此进行历史纵向或区域横向的对比检验。

(二)科学方法的核心是认识与运用客观规律

科学研究方法是主体为认识、研究和解决问题,而采用的基于事物本质及内部规律性认知与运用的工具或手段,是由客观到主观、联系理论与实践的中介环节——"桥"或"船"。

依据科学研究方法的指导意义所具有的普遍性程度,可将其分为高度概括、普遍适用从而具有世界观指导意义的哲学方法;适用于自然、社会和思维领域研究的一般方法,诸如逻辑方法、非逻辑方法、系统方法和数学方法等;仅应用于某些领域的具体方法或个别学科的特殊方法。

依据科学研究过程的不同阶段,则可将科学研究方法分为贯穿全过程且具有世界观指导意义的哲学方法、调查研究的方法、整理和分析资料的方法、分析和解决问题的方法、沟通与协调的方法、成果检验和评估的方法等。

---

①中共中央马克思恩格斯列宁斯大林著作编译局.马克思恩格斯选集:第3卷[M].北京:人民出版社,1972:533.

②中共中央马克思恩格斯列宁斯大林著作编译局.马克思恩格斯选集:第3卷[M].北京:人民出版社,1972:459.

1. 科学方法的本质在于认识并运用客观规律

方法包括认识方法和实践方法,其中认识方法是前提,起着决定性作用。认识不正确或不到位,必然答非所问或谬以千里。黑格尔所说的"在探索的认识中,方法同样被列为工具,是站在主观方面的手段,主体方面通过它而与客体相关"①,列宁所肯定的"这个方法本身就是对象的内在的原则和灵魂"②,就是指事物的规律(或本质、必然性)是方法的客观依据。科学研究方法,一可导引主体把握事物的实质或规律性;二可帮助主体运用规律去解决实际问题,当规律被用于解决问题时,规律也就转换成了科学方法;三可指导主体优化或规范研究活动的选题、思路、重点、内容及程序等。

2. 科学方法由客观规律、理论学说和物质工具三者共同构成

科学方法以三种表现形态存在。(1)主体头脑中所认知的客观规律,是观念化的方法,可用于处理同类问题;(2)物质载体形式的理论或学说,是客观化了的科学方法;(3)存在于现实世界的桥、船、路、建筑、自然区、农业区、城市和乡村等客观事物的实质,是主体认识方法的物质化形态——获取福利、解决问题的实践方法(物质工具)。这三种不同形态的方法共同构成了方法的总体。③

正确的改造世界、利用世界的物质工具(实践方法),内含着创作者对事物本质和内在联系规律性的认知。通过对物质工具(实践方法)的分析与还原,可以了解、掌握其背后的重要认知。当然,这种工作能有多少真实的、有价值的收获,无疑与还原者的哲学观、认识方法、专业能力和科学精神等因素有关。

3. 方法是从客观到主观、理论联系实践的中介环节

"实践,认识,再实践,再认识,这种形式,循环往复以至无穷,而实践和认识之每一循环的内容,都比较地进到了高一级的程度。"④借助科学研究方法,主体能够不断地深化关于事物的感性认识,并升华到理性认识。进而,主体把理性认识转变为实践方法或物质工具,去解决实际问题,并在实践中检验该方法,由此方能实现有意义的、连贯的二次飞跃——懂得"船"的原理,不等同于会建造合适之"船",不见得就解决了"过河"问题。

科学研究方法体系庞大、层次众多且严谨复杂,这在实际操作过程中常令人困惑,如方法理解上、选用上以及合理运用上的困惑等。有鉴于此,以方法及其相互关系为研究对象的科学方法论,20世纪80年代以来在我国获得了空前的发展和广泛的应用,到今天已经发展成一门以反思性、普适性、经济性、开放

---

①黑格尔.逻辑学[M].北京:商务印书馆,1976:532.

②列宁.哲学笔记[M].北京:人民出版社,1974:236-237.

③王晖.科学研究方法论[M].上海:上海财经大学出版社,2009:1-39.

④毛泽东.实践论[M]//毛泽东选集:第1卷.北京:人民出版社,1972:273.

性以及跨学科、多层次(涉及自然、社会和人文等三大科学、宏观到微观、理论到实践)为特征的独立学科。

(三)马克思主义哲学和方法论指导

方法论的表述主要有三种。(1)关于认识世界和改造世界的根本方法的理论,它以世界观、整体观、发展观和历史观来看待世界和事物,为一般方法论和具体方法论提供理论基础及顶层指导。(2)关于一般方法和具体方法的理论,探讨方法种类、适用范围、内部结构、基础原理、操作原则、基本规则、优缺点、与外部关系等。例如,演绎法、归纳法、控制论等。(3)作为"一门学科所使用的主要方法、规则和基本原理"[①],研究活动的组织、计划和实施的基本原则、主要方法、操作规则等以及相互之间的关系;谋划主体方向、整体结构以及大致的行动思路,但不涉及具体、个别的研究和细节。

1.科学研究和实践活动都与世界观相关联

科学研究或实践活动均直面怎么看待客观世界这个问题——需要进行感性认识和理性思维,并回答以何种标准、何种方式来检验认识。这些问题已超出一般科学活动本身的研究范畴,是哲学重点思考、研究的对象和内容。爱因斯坦指出:"如果把哲学理解为最普遍和最广泛的形式中对知识的追求的话,那么,显然哲学可以被认为是全部科学研究之母。"事实上,哲学不断地为科学研究提供理论思维的基本范畴、逻辑规则、思维模式等方法论支持。

"马克思的整个世界观不是教义,而是方法。它提供的不是现成的教条,而是进一步研究的出发点和供这种研究使用的方法。"[②]方法论与世界观是辩证统一的关系,对客观世界的基本认知,会反映到人们观察、研究与改造世界的认识和行动方法中。

2.马克思主义哲学是科学的世界观和方法论指导

马克思主义哲学是系统化、理论化的知识体系,既是科学的世界观,也是科学方法论。来自实践、回到实践的观点,客观性、普遍联系与运动发展等三个唯物辩证法的根本原则,以及现象与本质、形式与内容、原因与结果、偶然性与必然性、可能性与现实性等五个基本范畴,是引导思维沿着正确的认识路线去把握具体事物本质的重要指南,同时也是科学方法论的重要理论基础。

方法论原则是哲学思想及其理论的抽象化、浓缩化。首先,它是哲学世界观实现对一般方法论和具体方法论进行具体指导的中介环节,并以此形成世界

---

①韦氏大学词典[M].10版.北京:世界图书出版公司,1996.

②中共中央马克思恩格斯列宁斯大林著作编译局.马克思恩格斯全集:第38卷[M].北京:人民出版社,1972:406.

观与方法论的一致性。例如,从物质、运动、有规律及可认识的观点,可以引出"实事求是"的基本原则,发展出"解剖麻雀""案例分析"等具体方法。其次,应用于实际时,方法论原则就转变成统领整个行动方案、总管大致研究思路的一种方法论。最后,它为科学方法论提供了非常重要、不可或缺的理论基础。

3. 马克思主义哲学的五大方法论原则

(1)实践原则。必须深入实际,通过认真扎实的调查、分析和研究,寻找并抓住主要矛盾或核心问题,为提出管用、有效的解决思路与操作方案提供依据,并在指导实践的过程中,接受客观检验。

(2)客观性原则。从客观存在、普遍联系和不断运动的事实出发,"实事求是——'实事'就是客观存在,'是'即规律性,'求'就是去研究"①,尊重并运用客观规律,去解决现实问题。避免以先入为主、选择性认识甚至主观臆想,去看待事物、处理问题。这是判别研究成果科学性、操作性等的一杆标尺。

(3)整体性原则。"思维应当把握住运动着的全部'表象',为此思维必须是辩证的。"②一是需要从国内外的"全部"看待课题,避免"就国内论国内"。二是需要从现象与本质、形式与内容、偶然性与必然性等范畴全面地考察。三是需要把握各事物的质态,力求整体大于、优于部分简单相加的系统效果。

(4)运动发展原则。一切事物和现象都是在联系中产生,也在联系中运动和发展的;没有最好,只有更好。这就要求把现状分析与历史轨迹结合起来,用动态的眼光来看待和考察事物的演变趋势,从中探索其规律性。

(5)定性与定量相结合的原则。一方面,科学研究既需要定性分析,也需要定量研究,以充分把握其量与质的变化关系。另一方面,有必要辩证地理解"任何一门科学只有当它成功地应用数学的时候,才是精确的"③这个观点——自然科学的精确表达即为正确;而社会或人文科学的定量分析则是相对的,过于追求精确度,反而可能为错。

上述五个哲学方法论原则与感性认识、逻辑基础、确定性、简洁性以及可操作和可检验等五个科学方法论准则,共同构成了科学研究和实践活动所必须遵循的十大方法论原则。它们对于各门科学研究活动把握对象特征、明确重点、制定程序和步骤④,以及明确科学活动之间关系、选择主导理论或理论基础、进行调查研究、争取沟通协调等重点内容与方法,都有重要意义和指导作用。

―――――――――――

①毛泽东.改造我们的学习[M]//毛泽东选集:第3卷.北京:人民出版社,1951:759.

②中共中央马克思恩格斯列宁斯大林著作编译局.列宁全集:第38卷[M].北京:人民出版社,1959:245-246.

③恩格斯.自然辩证法[M].北京:人民出版社,2015:204.

④王伟光.简论社会科学方法论及其基本原则[J].北京社会科学,1995(2):24-31.

有鉴于此,区域与城市规划科学研究方法论可以表述为:为揭示研究对象的本质(或内在规律性)和解决实际问题,所采用的总体途径、主要方法、操作规程等。研究活动及其结果的科学性寓于全面而深入地贯彻、落实科学方法论十大原则之中。其中,方法的优选顺序准则为重要、适用、有效、简洁和可操作。

二、坚持和深化以物质环境空间为核心和特色的规划认识论

依据"在任何时候都必须用思想的首尾一惯性去帮助还不充分的知识"[1]这个观点,研究并揭示何种事物及其本质与内在规律,生产何种针对性产品(解决方案),是任何科学研究活动必须首先回答的、互相关联的两个根本问题——因为它们决定了科研活动所采用的核心认识方法和特殊研究手段(工具)。从实践观点、科学发展规律、规划演进史实、研究内容和实践产品等视角全面考察,把物质环境空间及其规律性这个概念,作为区域与城市规划的研究对象和目标产品,或许更为客观、准确、清晰和可操作。

(一)物质环境空间是客观、历史、独特的研究对象

"区域与城市"是某种(些)要素抽象化了的特征地域(如经济特区、自贸区、历史文化名城等),与客观地域有所不同。宋小棣从以人为中心、人类对区域作用和干预的有限性、协调人与环境之间关系、人与环境共生等认识前提出发,提出区域规划所针对的"地域概念是一定范围地表内由自然环境、生产环境和生活环境组合而成的综合环境,是客观存在的物质实体区域"[2]。韩波分析了由自然环境、生产环境和生活环境组合而成的城市物质环境空间存在着刚性或不可改变性、跳跃式、发展任务与目标日趋多样等演变特点,进而重点探索了社会主义市场经济条件下以类比性依据为导向的战略规划和总体规划。[3] 进一步客观而具体地讲,区域与城市是自然、社会、经济、文化等要素经过人为的物质化与关联组合,落于地域表层而生成的形态分明、功能多样、价值各异的"物质环境空间",包括建筑环境空间(即城市、镇及乡村集聚空间)和非建筑环境空间(即自然环境空间和农林生产空间)——如在自然基础上形成的山水林田湖草空间系统,人工造就的农林产业空间系统,城乡集聚区域及其内部的商业中心、文化影视、工业厂房、居住建筑以及交通干线和站场设施等建筑空间系统。由此回溯思考,区域与城市规划的研究对象、研究成果及产品成果(即实践方法或物质

---

①中共中央马克思恩格斯列宁斯大林著作编译局.马克思恩格斯选集:第 3 卷[M].北京:人民出版社,1972:459.

②宋小棣.区域规划的理论和实践[C]//国家科委农村技术开发中心.中德区域规划方法研讨会论文摘要汇编,1988.

③韩波.城市规划的若干理论问题[J].城市规划汇刊,1995(5):41-45.

工具),正是以"物质环境空间"这个整体模块[地域、城市、片区、建筑(群)乃至建筑地块]为目标,通过分类、分层、关联、区隔等块状优化方式,来综合研究、优选并复合条条的相关要素;而不是把条条形式的各种要素,简单地填充到物质环境空间模块。此外,检验区域与城市规划的研究对象是否科学、研究成果水平高低的唯一标准,是"物质环境空间"这个模块的总体运行绩效,而不是其他。

除了整体性、地域性等,这个物质环境空间概念还有三个重要的特性。

一是客观性。物质环境空间是可直接感知并体验的客观存在——问题或需求的客观来源、其规律依附的客体环境以及解决方案的针对目标,它既是区域与城市规划具有独特研究对象的科学根基,又是城市/区域经济、地理、社会、文化、生态等相关学科研究某种衍生现象的客观基础,如区位论、城市空间结构、社会、文化、人的行为等的研究成果,都来源于对物质环境空间的感性观察。

二是复合性。由于自然、社会、经济、文化等要素是遵循某些规律,以某种关联而复合起来的形式落地,因此,早期那种单目标、简单任务的环境利用方式,如今已经转向复合化、多功能的环境空间利用。例如,原生态、保护、科研、观光等功能复合的自然区,第一产业、观光、体验、健康养生、自然课堂等功能复合的乡村;围绕交通节点建设的自然、产业、办公、文化、娱乐、休闲、住区等要素与功能高度复合的城市中心区等。

三是空间性。(1)从整体层面看,地域是国土的一个单元,其资源和环境开发有较强的空间溢出影响。正效应使地域有可能依托本位或区位资源开发进行发展,而负效应则可能会导致空间过于集聚和城市过度膨胀,诱发吞噬大量农田、挤压生态环境、拉大区际差异、造成各种不安全等病症,进而触发地域、国家层面甚至更广范围内严重的环境、资源问题。这客观上要求建立国家级空间发展目标,通过整体上的国土规划,实现人与环境、资源之间协调发展,由此区域规划便逐步具备了空间规划的性质。① (2)从地域结构看,城市集聚空间是核心,其发展质量、规模和效率,直接影响到自然、农林环境空间资源的保护、利用及安全。从城市内部看,各个组成部分的空间溢出影响,也需要围绕某些目标加以整合。霍尔注意到过去以建筑环境开发为总任务的区域与城市规划,受协同规划新传统的影响,在1960年前后正在转向多方面、多任务和复杂任务,注重更广泛的原则,而不是细节,其空间性也不同于道路、卫生等专项研究;据此可称它为"物质环境"规划,也许称作"空间"规划更贴切、更准确。② (3)优势区位的城市土地极其宝贵,因此,其开发日益注重平面、地上、地下"三维空间资

---

①宋小棣.区域规划的理论和实践[C]//国家科委农村技术开发中心.中德区域规划方法研讨会论文摘要汇编,1988;宋小棣,韩波.世界资源共享论和国土空间相对论[J].浙江学刊,1990(3):41-43.

②P.霍尔.区域与城市规划[M].邹德慈,金经元,译.北京:中国建筑工业出版社,1985.

源"的复合利用。同样地,国土规划更加关注物理空间(二次元)、知识和信息空间(三次元)以及虚拟空间建设三者之间的深度融合,构建"对流促进型"的四维空间利用结构,以实现区域经济均衡、协调、可持续发展。[①]

(二)探寻物质环境空间规律是规划实践历史的主体内容

为了认识和掌握地域环境空间的客观规律,国内外区域与城市规划学术界一直重视理论与方法研究,特别注重和强调对地域的总体部署、整体协调以及综合利用,并以地理空间来表达规划目标与政策成果。我国学者胡序威早在1982年就提出,区域规划应对地域内生产与非生产部门建设进行总体部署,并通过区际规划进行协调,还要保护有科学意义的自然区,恢复生态平衡。[②] 崔功豪认为,区域规划应研究土地利用的总体部署。[③] 李德华认为城市规划是对未来空间安排的意志。[④] 宋小棣、韩波重点研讨了空间规划(环境规划)的性质和方法的主要原则:(1)把人类作为自然的组成部分并且是环境的主体,人与环境共生;(2)根据区位论和人的发展需求,识别和确定不同类型空间的用途功能;(3)把空间效率(以"空间诱导产业"原理,优化产业布局、区域开发的经济和技术指标等)、公平与服务(以社会效果、集聚度和时间距离等指标,解决和优化先进地区与落后地区、不同空间层次的人们生活和工作需求之间的协调发展问题)和安全(破解空间过疏与过密问题,避开自然灾害,舒缓和防治社会因素造成的生理及心理上的超强度压力)等指标,作为区域规划方法的主要原则。[⑤] 宋小棣等在1994年绍兴县县域总体规划项目实践中,进行了"空间诱导产业"(筑巢引鸟)和"空间优化原理"的应用研究。[⑥] 从国外看,1983年欧洲提出区域/空间规划是以地理表达经济、社会、文化和生态政策;1997年欧盟指出空间规划的目标是形成更合理的土地利用及其关系,平衡发展和保护环境两个需求。[⑦] 2015年,联合国人类住区规划署将经济、社会、文化和环境等政策目标,提升到了区域与城市规划发展目标的高度。[⑧]

---

①姜雅,闫卫东,黎晓言,等.日本最新国土规划("七全综")分析[J].中国矿业,2017(12):70-79.

②胡序威.区域与城市研究[M].北京:科学出版社,1998:83-105.

③崔功豪.区域分析与区域规划[M].北京:高等教育出版社,2006.

④李德华.城市规划原理[M].北京:中国建筑工业出版社,2001:42.

⑤宋小棣,韩波.产业组织空间和空间诱导产业[Z].内部打印稿,1994.

⑥宋小棣,韩波,邵波,等.绍兴县县域总体规划[M].杭州:杭州大学出版社,1995.

⑦蔡玉梅,高延利,易凡平.发达国家空间规划的经验和启示[J].海外观察,2012(5):10-14.

⑧联合国人类住区规划署.区域与城市规划国际准则[J].区域与城市规划研究,2012(5):10-14.

借鉴相关科学的理论成果,深化和把握规律性的认知,创造人性化、集约化、生态化的空间结构,是规划实践历史上的一个传统。事实与历史证明,"没有一种科学是孤立地发展起来的,而都是基于思想的普遍进步和别的科学进步而发展的"①。由于规划所需的信息量和专业知识量几乎涉及人类的全部经验,因此,国外区域与城市规划从 20 世纪 60 年代起逐步转向重视和借鉴可持续发展、人地关系、经济规律、劳动地域分工、人的需求层次和行为规律、文化异质和多元社会结构、系统控制和管理等许多相关学科理论,结合建筑工程技术的进步,更为综合地研究并实践自然环境的保全、国土/区域/城市一体化布局、中心区空间资源的高密度高效率开发与复合利用等课题,从根本上对以建筑形式和美学审视为主导的传统物质环境规划方法做了创新与发展。在专业教学方面,国外很多大学在社会学科群、人文学科群开设了区域与城市规划专业,兼收具备更广泛学科基础知识与技能的研究生。②

在取得四十年快速、持续发展的巨大成就的同时,我国也面临着发展与人口、资源、环境之间日益显现的矛盾。现今正在开展的国土空间规划要求研究并遵循客观规律,以人的发展和生态文明为导向目标,以统筹、整合、布局"生态、农业和城镇功能空间"为工作抓手,以空间用途管制制度为保障措施,有效破解这个矛盾。这是新时期我国区域与城市规划研究和实践的重大战略任务。

(三)生产土地利用、公共空间规划和建筑物发展规则等物质产品

区域划分、区域/城市土地利用规划、城市结构组织以及重要节点详细设计(中心区)、地块开发指标规则等,是国内外区域与城市规划中起主体性作用(引领研究活动)和基础性作用(服务政策目标)的重点内容和方法,并且已经形成大量的、可见的实践产品,有效协调了人、发展、资源和环境之间的关系;具有客观、必然、可检验和可操作等科学特点;不可缺失,也不可替代,这表现在以下两个方面:(1)缺少了"物质环境空间"这个对象和抓手,这些内容和产品从哪来?这些方法又是针对何物进行分区、组织及规划呢?(2)一旦缺失这些方法和内容,区域与城市规划难免趋向于形式区域研究性质的价值规划或社会经济发展规划(即不涉及要素落地布局),可能被其他学科所同化。

"物质环境空间"的单元划分、空间组织与建筑开发规则是一个连续体系,具体包括但不限于:(1)生态、资源、经济、社会、文化等区际均衡目标导向的区域划分;(2)区内"物质环境空间"关系的界定与结构的组织,落实自然保护、水

①[德]A.赫特纳.地理学:它的历史、性质和方法[M].王兰生,译.北京:商务印书馆出版,1983.

②韩波.论我国城市规划工作的改革与发展[J].浙江建筑,2006(2):1-4.

源保护、资源开采、农林业、二三产业、公共设施、居住用地以及基础设施等土地利用;(3)中心区和建筑群公共空间的用途复合规则;(4)城市设施或建筑规模和形态的规定(地块建筑开发规制)等;(5)优先区划分,为资源开采、自然用途(景观、生物等)、水资源、历史文化资源、港口、核电站、大型机场、大型企业、垃圾处理及废物存放等重要设施布局提供服务。

1965年,联邦德国依据联邦空间布局法编制空间规划。首先,把区域分为城镇集聚空间和农村空间(区域)两大块,研究中心地、发展轴、优先区和自然保护区等;通过发达与落后的地区划分,研究内在的发展规律和相互之间的补充要求,提出解决方案,并以法规或政策引导地区之间的均衡发展。[1] 其次,开展城市规划,研究土地利用和建筑的详细规定。[2] 最后,制定规划编制方法论框架,包括基本流程、各阶段的工作内容和目标要求[3];制定重大项目规划手册,包括参与者、核心问题、因果关系、项目目标和收益—成本分析等十二个步骤及其内容,以规范规划研究活动[4]。

进入经济发展成熟期后,日本"三全综""四全综"制定过与流域资源保护和有效利用相联系的定居开发模式,建设多极分散型国土结构,重点解决集聚空间与地区或流域资源的匹配优化、人口资源向东京过于集中的"过密过疏"现象及其发展所面临的安全性等问题。[5] 国土规划分基本构想、国土面积目标及分地区概要、必要措施等部分;把全域划分为城市、农业、森林、自然公园、自然保护区等五大地区(类型区),明确各自发展的方向和原则。[6] 城市规划以优先利用低效地和未利用地,平衡多种功能为目标;以居住、工业、商业三大类用地以及特殊用途地区(办公楼、中高层建筑上部居住地区等)、特别机能地区(历史文物保护区、高强度地区等)等类别细化空间结构;并规定各种用地的建筑容积率、高度和退让等指标,指导各项建设活动。[7] 以上三者合一,构成上下各层级发展目标与利益逻辑一致、战略举措与战术手段紧密结合的空间发展规则体系。

---

①[德]屈希勒.区域规划的理论、原则及历史发展概况[C]//国家科委农村技术开发中心.中德区域规划方法研讨会论文摘要汇编,1988.
②[德]豪亚.联邦德国空间布局规划及管理层次[C]//国家科委农村技术开发中心.中德区域规划方法研讨会论文摘要汇编,1988.
③[德]C.海德曼.区域与城市开发——方法论框架[C].蒋迎春,译.//金华市农村区域协同发展规划课题组.金华农村协同发展规划,1992.
④[德]C.海德曼.目标导向的项目规划(ZOPP)[C].吕关曙,张建军,译.//金华市农村区域协同发展规划课题组.金华农村协同发展规划,1992.
⑤姜雅,闫卫东,黎晓言,等.日本最新国土规划("七全综")分析[J].中国矿业,2017(12):70-79.
⑥谭纵波,高浩歌.日本国土利用规划概观[J].国际城市规划,2018(6):1-12.
⑦[日]谷口汎邦.城市再开发[M].马俊,译.北京:中国建筑工业出版社,2003.

三、发展和优化以"区划思维—土地利用规划"和"综合思维—复合集成规划设计"为重点的研究方法论

"区划思维—土地利用规划"和"综合思维—复合集成规划设计",之所以是区域与城市规划方法论体系中的重点与特色方法,是因为其具有必然性(规律)和逻辑依据——不可缺失,许多国家普遍且长期地采用,以及与其他科学研究方法明显不同。前者是战略导向;后者为战术手段,其效果决定前者的成败。

(一)"区划思维—土地利用规划"方法与空间单元划分

在区域与城市研究中,区域划分多与土地利用规划联系在一起。区划是前提——划分空间单元、组织空间结构和协调相邻关系;区划方法是归纳同一性,区别差异性,得出区域区,或是成因—影响分析法,取得类型区。土地利用规划是重点内容,起识别并确定单元发展方向、目标功能、具体用途、开发规则、实施手段等作用,生产区域、片区及至项目地块的开发利用规则成果。分析与认识越深刻,单元细分就越具科学性,服务与管治就越有针对性,规划的作用和价值也就越大。当今,市场主体多样化、项目时序不同步、总体/专项/协调规划的作业范围各异等,都对多目标、多用途的区域单元细分及其土地利用研究提出了新要求。从当前看,该方法或许有必要围绕以下三个重点目标进行深化。

1. 围绕并落实国家发展的总体战略和重大任务

突出生态文明建设的战略定位,坚持节约资源和保护环境的基本国策,根据目标、指标和坐标,认真研究容量、产量和数量,科学划定生态保护红线、永久基本农田保护红线和城镇开发增长边界,以此铸就规划战略性、协调性和操作性以及有效实施土地用途管制的"四梁八柱"。这些边界划分工作特别是城镇边界,既复杂又困难,涉及现状形态、各种利益、未来不确定性等众多因素,需要有合理、简明和有效的综合性方法。

2. 围绕多样化规划任务活动的需求

一般来说,一个行政区内部有自然、城市、村庄、交通、水利、风景区、农业生产等用地,需要总体/专项/协调等各类规划进行分层级、全链条协同作业;由此需要自然、农业和城镇三类空间总体规划单元,自然生态保护、农业生产、城乡及产业建设、流域和交通、风景名胜和遗产区等五类专项规划区,以及流域和交通规划、城镇密集地区、特种设施布点区等三种协调规划区。

规划作业单元划分的方法论原则是:(1)满足各种专业规划的工作需要,方便行政管理和区际协调工作;(2)符合当地以及周边关联区域的实际;(3)考虑流域或交通影响范围线;(4)所划定的规划作业单元的数量尽量地少;(5)与乡镇边界保持一致;不能保持一致的,则尽量与村界保持一致,以方便统计和积累

同一范围内的各种信息,避免各类研究与规划自设边界(范围不同、口径不一、底图各异等)所带来的数据难统计、规划难衔接、实施难协同等负面影响。

3.围绕重大问题/重大项目或设施/管理的需求

过去在重点开发区设立、棚户区改造、低效土地改建、城市有机更新项目等许多方面,所出现的政府想法先行、规划被动跟跑的现象,说明规划单元的研究与划分存在明显粗放的短板。因此,需要围绕重大问题/重大项目或设施/政府部门的需求可能,对城市/区域全域各个单元的资源条件、区位状况、现状基础、相邻关系、存在问题等,逐个进行详细分析和综合考量,识别并提出保护/新建/改造/更新/功能置换等方向、方式的多方案土地利用建议,供政府决策选用。[①]

需要新增的重要空间单元有:(1)发达区/落后区、点轴发展带或城镇密集区,为制定相关规划和政策服务;(2)资源开采、水资源、港口、核电站、大型机场或公共站场、大型企业、独立式公共厕所、垃圾处理及废物存放设施等优先区块;(3)增量建设用地的落地范围及其利用方向、用途类别的研究;(4)围绕活化/复兴、改造/更新、机能充实/功能置换等目的,明确中心区块、重要节点、老旧(危房)街区、道路拓宽、建筑地块等范围和发展策略。

(二)"现状基准十增量动态控制法"与城乡建设空间划定

城乡建设空间划定是当前国土空间规划的第一个重大任务。以往的城乡建设空间划定方法主要有三种:(1)城乡规划方法,按照预期人口和人均用地指标,框定城乡规划建设用地边界;(2)土地利用规划方法,按照农业、建设等各类用地总量和增量控制指标,分级分类进行分配,反向框定城乡建设空间;(3)上述"两规合一"划定法,一次性把土地增量指标分解落实到行政区各个城乡规划空间,但因规划期限不同,"两规"只能在某个共同的时点上可做到"合一"。

如何合理地快速划定城乡建设空间?这里从一个行政区内所存在的若干组确定性和不确定性的分析与认识入手。(1)确定的是每个城乡建设单元的现状已经客观存在;不确定的是其未来用地发展的规模、方向、速度等。(2)确定的是虽然严控用地,但地方还可获得适当增量;不确定的是增量是否不再变化。(3)确定的是把每个城乡规划与指标分解统筹起来,一次性划定城乡建设空间,可通过审批;不确定的是这种规划的上下层对接比较复杂,周期长,进度慢,鉴于先前的实况,后效有待观察。(4)确定的是不少中心城区大框架已经达几十平方千米,一般的小增量难改大局;不确定的是一般乡镇的少量新增,却可能带来大变化。(5)确定的是县市级规划属于地方事务,由其自行分配与协调比较方便;不确定的是硬性规定各乡镇一次性全部划定,能保证以后不会再变更吗?

---

①韩波.城市规划的若干理论问题[J].城市规划汇刊,1995(5):41-45.

城乡建设空间"现状基准＋增量动态控制法（县市级）"的基本构思是：（1）以基准年的现状建成区为基础，全面、准确地划定各个城乡建设空间边界；（2）中心城区和重点发展空间的规划边界尽量详细化，乡镇级城乡建设空间边界可做粗线条控制；（3）规划期的增量指标，交由地方按年度进行区内分配（何时何地多少指标），不得突破，在规划圈定边界内落地。这样的操作方法符合以确定性应对不确定性、具体问题分类对待、简明扼要和经济高效等科学方法论原则——既有刚性，也有一定的灵活性；既抓住重点用地大户，又方便一般乡镇；既可加快工作进度，又可保证重点和质量。

（三）"综合思维—复合集成规划设计"方法与城镇土地集约化利用

"提高城镇土地利用效率、建成区人口密度，划定城镇开发边界"[①]是国土空间规划的第二个重大任务。若不能有效提升城镇用地绩效和人口容量，则必然会突破城乡建设空间边界，严重危及"生态、生产和生活融合发展"的空间格局。

城市本是区域中以建筑高度密集为特征的；中心区就是"城中城"。此乃城市本质与客观规律所使然。因此，发挥集聚优势、提升空间效率、注重自然性而不是自然态，应当作为城市规划建设的主导理念和行动。过分追求园林化、高绿地指标的城市规划观念及做法，不符我国国情和城市发展规律。[②]

日本借鉴、发展并实践"综合思维—复合集成规划设计"方法，积极探索高密度、高强度、多功能复合（含自然性）的土地空间利用途径，努力创建绿色低碳城市和建筑群，并以精准、精细的管控保障其高效有序运转，在集约利用城市土地，提升国民生活品质，克服人多地少的资源局限，有效协调人、发展、环境之间关系等方面，取得了公认的实效。这种规划方法和实践手段的效果有目共睹，特色鲜明，被许多国家或地区所借鉴，体现出明显的规律性、普适性等特征。

"综合思维—复合集成规划设计"方法有三个特点。（1）依靠多学科协同的综合。以人的需求、要素的相互关联为根本，以功能识别、空间结构、用地复合、功能综合、运行控制等空间语言和实体形式，在物质环境空间之中，把相关科学揭示的客观规律综合地、实实在在地反映出来——集聚经济和地租理论，对于环境和资源利用的审美与伦理反思，文化多样性，区位论和空间结构规律，人的需求和活动特征，系统协同与控制，等等。（2）基于调查与分析的综合研究。深入考察各组成部分功能、关系和作用，判别各部分的主次关系，进而梳理出符合

---

① 中华人民共和国中央人民政府. 中共中央国务院关于加快推进生态文明建设的意见[EB/OL]. (2015-05-05)[2020-02-05]. 新华网, http://www. xinhuanet. com/politics/2015-05/05/c_1115187518. htm.

② 李伟国, 韩波. 新型城镇化背景下规划管理转型与创新的若干思考[J]. 规划师, 2013 (S2): 24-27.

国家战略的重大现实问题，整合成一个概念和逻辑的系统。（3）针对特定的目标产品，进行高度的实体化综合。类似于系统科学成功创建了阿波罗飞船或米格-25战机那样，区域与城市规划只有为人们创建出集生态安全、经济活动、文化享受、服务供应、生活游憩等于一体的优化物质空间系统，才能实证自身具有"综合创造价值"的科学内涵。

图1至图12所示的客观事实（实践方法或物质工具），比较全面地反映了上述"综合思维-复合集成规划设计"方法的认知、逻辑和要点等内涵。

《城市再开发法》第一条	对功能复合的适应
"设法合理而有效地利用好城市中的土地和更新城市功能，为公共福利事业做出贡献"	过去的城市规划都是按用途划分区域，目的是有效地使城市整齐美观，但近年来，都在积极地采用多种设施功能复合起来的建设方法
城市的重点是公共设施和复合建筑 ①构成城市重点的重要项目的开发 ②把构成城市的各种功能复合起来 ③把公共设施和建筑群复合起来	设施要复合又要联合 ①在防灾上分离开 ②在环境上分离开 ③在管理上分离开 ④在权利上分离开

图1　日本国土与城市规划的基本理念和认知

资料来源：[日]谷口汎邦.城市再开发[M].马俊，译.北京：中国建筑工业出版社，2003.

日本东京新宿站城复合体地上地下共三层；设17个与其他车站无缝连接的平台走廊，有200个出口；在站场以及周边500米范围内，有商务、商业、办公、宾馆、文化、教育、休闲、观光、屋顶公交站等全功能设施；注重引入更多的自然光线和创造更安静的公共环境；为350万人/天的大客流提供最广泛的服务

图2　日本东京新宿站城复合体

资料来源：日本这样做TOD项目[EB/OL].（2019-06-17）[2020-02-05].腾讯网，http://new.qq.com/omn/20190617A03TOX.html? pc.

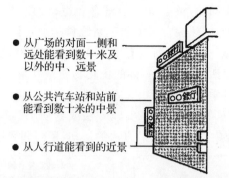

- 从广场的对面一侧和远处能看到数十米及以外的中、远景
- 从公共汽车站和站前能看到数十米的中景
- 从人行道能看到的近景

图3　日本规划设计对广告字号、位置与视距关系的分析

资料来源：[日]谷口汎邦.城市再开发[M].马俊,译.北京：中国建筑工业出版社,2003.

全民共建 东京城市

身心健康时容易忘却，稍加注意就使东京倍感亲切

城市中不只是年轻有朝气的人生活着。带着儿童的父母和老年人、有功能障碍的人、受伤的人、行动不便的人、有各种各样的人生活着。
为了把东京建设成任何人都便于生活的城市，从身边做起，从自我做起，关心城市建设吧

● 身体有障碍的人

城市中的建筑物等，如果设计周到，就会给身体有障碍的人帮了大忙。我们遇到困难时，只要有人问一声"怎么啦"，就再也没有不高兴的事了。渴望得到这有勇气的一声

●不了解情况的人

初来乍到，有时会因为不熟悉建筑物里的情况而有困难。如果有一个亲切的指示牌，将会很有帮助作用

● 推婴儿车的母亲

如果在道路和建筑物的出入口处有台阶落差，就不便通行。稍有落差就会发生意外，摔倒就会很危险。门如果是自动的就好了

● 上年纪的人

请多建造出让我们也能自由地工作，自由地生活的建筑物。如果这样的话，也许我们也能和年轻人一起工作……
春天有观赏樱花，夏天有纳凉大会，秋天有住一夜的旅行运动会和四季城市游等各种休闲活动。

希望今后的城市能让我们自由地逛街，便于生活，成为安全的城市

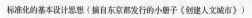

标准化的基本设计思想（摘自东京都发行的小册子《创建人文城市》）

图4　日本规划对不同人群需求的考量

资料来源：[日]谷口汎邦.城市再开发[M].马俊,译.北京：中国建筑工业出版社,2003.

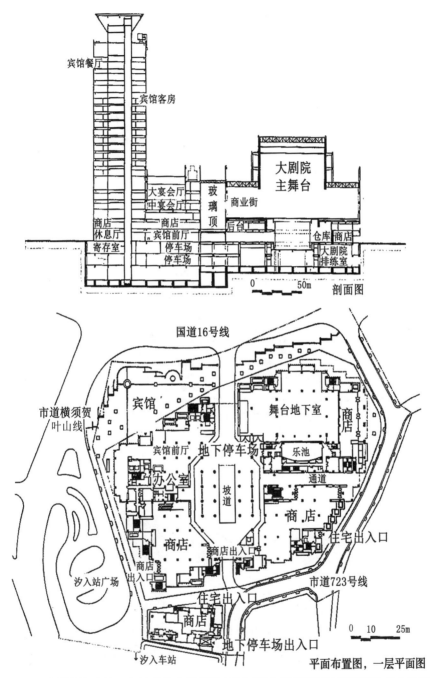

图5 日本横须贺市汐入车站站前广场剧院/商业/宴会厅/宾馆/地下车库的复合建筑
（建筑密度 90％）

资料来源:[日]谷口汎邦.城市再开发[M].马俊,译.北京:中国建筑工业出版社,2003.

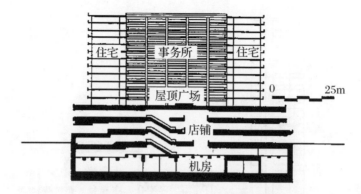

图 6   日本店铺/事务所/住宅/屋顶广场等复合建筑

资料来源:[日]谷口汎邦.城市再开发[M].马俊,译.北京:中国建筑工业出版社,2003.

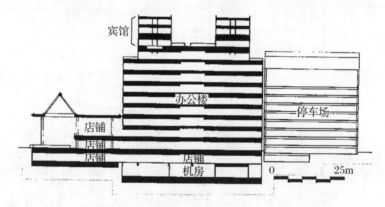

图 7   日本办公楼/店铺/宾馆/停车场等复合建筑

资料来源:[日]谷口汎邦.城市再开发[M].马俊,译.北京:中国建筑工业出版社,2003.

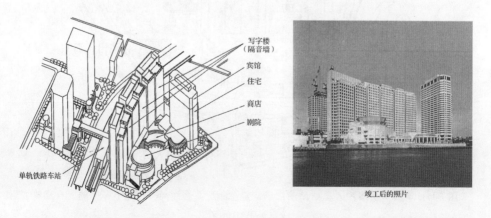

图 8   日本品川区西福特广场办公楼/剧院/商店/宾馆/住宅等复合建筑(设计图及实景)

资料来源:[日]谷口汎邦.城市再开发[M].马俊,译.北京:中国建筑工业出版社,2003.

图 9　中国上海南京路广告牌与道路单侧绿化
资料来源:作者自摄。

图 10　荷兰阿姆斯特丹城市道路桥面上的轨道站
资料来源:作者自摄。

图 11 瑞士日内瓦城市道路桥面上的轨道站

资料来源:作者自摄。

图 12 瑞士日内瓦城市坡道滑水欢乐场

资料来源:作者自摄。

节约我国宝贵的土地资源,有效提高城市建设用地的集约化程度,有以下五个主要途径。

1.重视自然和农业空间的复合集成利用

自然和乡村地区有开敞的绿色空间和新鲜的空气,在保护和发展第一产业的基础上,复合发展观光旅游、休闲疗养、自然体验、户外运动、生态居住、保健和养老服务等环境依存型第三产业,如此可以较少的土地消耗,发展乡村经济,增加就业容量,统筹城乡发展。[①]

2.提高建筑密度和容积率,加大建筑的多功能复合集成[②]

参照我国香港的城市建筑用地控制规则,并且吸收日本和新加坡城市建设规则的经验,重点改进以下四点:(1)提高建筑密度和容积率,特别是通过提高密度来提升容积率;取消建筑外墙后退。(2)视情开发公共设施型地下空间,改变其单用途、低效率的配套角色。浙江义乌市早有市民广场地下与人防工程复合,建设商场(有11条街的规模)的实践探索;海宁市已接近完成李善兰公园地下空间公共设施复合开发利用规划的编制。(3)以车站站点或城市功能、生活功能相对集中的区块为核心,以步行可及的规划理念,把互相关联的经济、社会、文化、办公、娱乐、学校、生态休闲等活动功能,尽可能集合集成于最小地块和建筑群中,形成紧凑型的中心结构。(4)尽可能减少道路中央绿化隔离带。

3.注重学校、场馆等的共享复合利用

注重研究独立式学校、场馆和公园的多功能复合利用方案和政策,鼓励兼容义务教育、成人教育、社区会议、洽谈、文化、科普、体育及防灾等功能。[③] 如浙江玉环市学校与市民共用一个体育运动场、中心菜场与住宅的复合;如海宁市银泰城商业、服务业、文化与办公楼复合一体化。如果这个方向树立起来,各地普遍行动起来,那么能够节约的土地必定很可观。

4.减少道路绿化用地

日本城市道路和中心区绿化绿地比较少,是基于对节约土地、人流通行、防灾避险、经济集聚、照明效果、街景视觉、日照通风、保洁成本等因素的重要性及作用的详细分析和综合权衡。东京绿地绿化集中于公园,总面积 1969hm²,达 2795 处;人均公园面积和公园密度分别为上海的 11 倍和 3.8 倍。上海街道绿

---

①韩波,顾贤荣,李小梨.浙江省村镇体系规划中产业、公共服务和特色规划研究[J].规划师,2012(5):10-14.

②韩波,夏震雷,李小梨.控制性详细规划:理论、方法和规则框架——基于可持续发展思想、经济规律和法治理念的探索[J].规划师,2010(10):22-27.

③袁桂林.农村中小学布局调整应与新农村建设相结合[EB/OL].(2007-02-14)[2020-02-05].http://learning Sohu.com/20070214/n248247217 shtml.

地 1978 年以来增加了 10 倍以上,面积多于公园之和;而公园面积才增加了3倍左右。[①] 从两者绿地的实际利用情况看,公园分布相对平均且规模较大,当然更有利于空间上的多功能复合利用,更有利于节约土地。

5. 充分利用城市桥梁及道路空间

除了通行功能,城市桥梁和道路还可用作良好的交通站场或休闲娱乐场所。(1)有效地利用了桥面或道路土地,便于人流集散;(2)避免了对老城区狭小街道营商环境的干扰;(3)桥上视野相对通透,可供站上、车上的人们顺便欣赏自然与人文景观,同时也可成为短时间互动交流的平台。

(四)系统协同方法与"3—6—9"国土空间规划体系构想

一个行政区规划需要总体规划、专项规划、协调规划共同构成层级分明、指导与反馈相结合的规划体系。基于行政序列、规划内容、历史基础、运行成本和国外做法等方面的综合考量,从全覆盖、不重复,突出重点、简明扼要,类别明确、便于深化,有利综合、指导细化,远近结合等建构原则出发,搭建如表 1 所示的"3—6—9"国土空间规划体系框架。

国土空间规划分 3 个系列,即国土空间综合规划、国土空间专项规划以及国土空间协调规划。

国土空间综合规划按照 6 级行政区为单位进行编制(应该做到行政村级[②]),以划定"自然、农业和城镇"三大空间边界和编制土地利用规划为重点内容。

国土空间专项规划是国土空间综合规划的深化和具体化,分自然生态空间保护规划、农业生产区规划、城市/城镇/乡村及产业区规划、流域生态保护及综合开发规划、综合交通体系规划、电力供给和燃气供给规划、风景名胜遗产区和自然公园规划、环境治理与保护规划及其他等 9 类。

国土空间协调规划解决上下级区域之间、相邻区域之间、流域上下游区域之间、城镇密集地区之间以及特种项目影响区之间的关系协调问题。

控制性详细规划是个值得进一步探讨的课题。该规划理论上存在一些问题,包括实践中与城市规划管理技术规定的关系。如果城市规划管理技术规定制定得比较科学合理,土地单元的划分研究比较科学和细化,那么,这个规划制度是否还有存在的必要?

---

①许浩.日本东京都绿地分析及其与我国城市绿地的比较研究[J].国外城市规划,2005 (6):27-30.

②注:我国村庄数量多,用地大,变化快。编制村级规划,有利于保障法律效力,并可动态掌握用地变化情况。

表1 "3—6—9"国土空间规划体系构想

类别	国土空间规划		
	国土空间综合规划	国土空间专项规划	国土空间协调规划
规划范围	行政区	专项规划区(市区/镇区/村庄)	协调规划区
规划对象	1.全国 2.省/自治区/直辖市 3.地市级 4.县市级 5.镇乡级 6.行政村级	1.城市/镇/村/工矿业区规划 2.自然生态空间保护规划 3.农业生产区规划 4.流域生态保护及综合开发规划 5.综合交通体系规划 6.电力供给和燃气供给规划 7.风景名胜、遗产区、自然公园规划 8.环境治理与保护规划 9.其他(如特殊用途区)	1.城镇密集地区协调规划 2.流域等协调规划 3.跨区大型建设项目协调规划 4.跨区交通、电力、调水、燃气等基础要素整合规划 5.区域性垃圾及特种垃圾、防疫、屠宰等设施布局协调规划
规划主体	各级人民政府	城市、乡镇政府/有关主体	责任主体的上级政府
重点内容	1.各类建设用地的空间红线(节约资源国策) 2.一定量/质的耕地保护红线(粮食安全国策) 3.山川江湖自然生态保护红线("两山"理念、可持续发展战略) 4.分区土地利用和保护的基本方针 5.本级土地利用规划的基本框架	其中:城市/镇规划 1.城市总体布局和分区组织 2.政府公共服务设施布局 3.城市各种功能的复合 4.公共设施和建筑群的复合 5.集约化发展策略、建筑物(规划)规例、地块规划指标、分区开发强度等 6.城市特色环境设计及建设指南 7.重点区/街区/社区规划设计 8.绿地生态、历史文化保护	1.协调的内容 2.根据实际确定

(五)制定和完善三个重要的规划规程或规则

1.制定区域与城市规划的技术操作规程

规划是认知核心问题或未来挑战、资源条件、约束因素等,拟订包括解题期望或愿景目标、自身定位、总体方案、行动路径、实施措施及项目工具等供选方案的一个连续程序。

科学的规划程序和操作规程的内容,包括阶段划分和基本流程,每个阶段的工作任务、工作目标以及评估的具体方式,重大项目或工程的界定、论证程序、论证方式、论证重点(内容和方法)以及评估论证成果合理性的具体要求,规划成果的整体评估以及与各个阶段任务之间控制与反馈关系的设定等内容。

技术操作规程的作用是评判规划成果。(1)评判从问题认知到项目工具,内容的完整性和质量。内容缺位或质量偷减,均会严重折损成果质量。(2)评判供决策选择的多方案分析和论证材料。任何成果不应该只有一个方案,或只是模糊拼凑的多方案。因为,乙方是业务承担者,应从可能、可靠、可行的角度,拟订出依据充分的多方案;甲方或其上级才是决策者。(3)评判成果是否符合实际和技术规范。

2.制定重大项目的综合论证规程

重大建设项目往往综合、整体地影响着区域或城市的自然、经济、社会和文化,关系到各个群体的相关利益。其综合论证的规程的内容包括:(1)重大项目的分类、性质和规模的名录,如垃圾处理厂、重化工企业等。(2)综合论证的基本阶段和流程,每个阶段的工作任务与目标。(3)综合论证的重点内容,除了以前的自然、经济和技术等,还必须包括社会影响、合法性方面的论证;在论证方法中有必要列明项目基础资料的核实、项目现场复查、利益相关者的核实调查等内容。(4)参与重大项目综合论证的资格条件和责任规定。

3.优化城市规划管理技术规定

建筑用地开发规则不仅是指导建筑落地与形体构造的技术规范,更是落实国家可持续发展战略目标的重要手段。

我国香港的城市建筑用地控制规则(见表2和表3),体现出对人多地少实情的认知和落实节约、集约利用城市土地的具体行动。(1)尽可能地提高各类建设用地的开发强度,为保护自然和农业空间创造条件。(2)对居住、工业、商业、办公楼和高强度地区等具体类型,分别就复合要素做出相应规则。(3)借鉴并运用客观规律,配设建筑标准法,大力推进有关用地或公共建筑功能综合化、业态多样化,以节约宝贵的土地,活化经济活动,节省全社会出行时间,减轻交通压力,降低能源消耗。

  相较之下,我国内地城市规划管理技术规定或控规,一般只简单地按新区与旧城、内环与外环两类论处,开发强度和密度指标相当低下,建筑功能复合控制得过于狭窄。按照现行的技术规定或指标,落实节约土地,提高生活品质,治理交通拥堵和营造低碳城市等,可能存在相当的不确定性。[①]

表 2　我国香港建筑物（规划）规例

建筑物高度	最大住用地上盖面积比率/%			最大住用地地积比率		
	甲类地盘	乙类地盘	丙类地盘	甲类地盘	乙类地盘	丙类地盘
不超过 15 米	66.6	75	80	3.3	3.75	4.0
不超过 18 米	60	67	72	3.6	4.0	4.3
……	……	……	……	……	……	……
不超过 61 米	34	38	41	6.8	7.6	8.0
61 米以上	33.33	37.50	40	8.0	9.0	10.0

注:甲、乙和丙类地盘,分别指毗邻一、二和三宽度不小于 4.5 米的指明街道的地盘。
资料来源:根据《香港规划标准与准则（2019 年 1 月）》整理[②]。

表 3　我国香港最高住用地地积比率

发展密度区	地区类别	地点	最高住用地地积比率	注释
主要市区第 1 区	现有发展区	香港岛	8/9/10	（ⅰ）（ⅱ）
		九龙及新九龙	7.5	（ⅲ）（ⅳ）
		荃湾、葵涌及青衣	8	（ⅱ）（ⅴ）
	新发展区及综合发展区		6.5	（ⅵ）（ⅶ）
新市镇第 1、2、3 区（不包括荃湾）			8、5、3.6	（ⅷ）（ⅸ）
乡郊地区第 1、2 区			3.6、2.1	（ⅷ）（ⅸ）

注:第 3.5.1 条:表 1、表 2、表 3 所列的最高地积比率,是我们希望达到的目标。
资料来源:同上。

---

  ①韩波,夏震雷,李小梨.控制性详细规划:理论、方法和规则框架——基于可持续发展思想、经济规律和法治理念的探索[J].规划师,2010(10):22-27.
  ②中国香港规划署.香港规划标准与准则[EB/OL].（2019-01-01）[2020-02-05].http://www.pland.gov.hk/mobile/pland_tc/index.html.

日本城市规划法对设施规模和形态的规定见表4。

表4 日本城市规划法对设施规模和形态的规定

项目		第1、2种居住区,准居住区	近邻商业区	商业区	准工业区	工业区	工业专用区	规划区内未指定用途的地区
建筑容积率/%		200,300,400		200,300,400,500,600,700,800,900,1000	200,300,400			400 100 200 300
建筑面积比/%		60	80		60		30,40,50,60	70 (50,60)
外墙后退距离/m		—						
绝对高度限制/m		—						
斜线限制	道路斜线 适用距离/m	20,25,30	20,25,30,35		20,25,30			20,25,30
	道路斜线 坡度	1.25	1.5					
	邻地斜线 升高/m	20	31					31
	邻地斜线 坡度	1.25	2.5					2.5
	北侧斜线 升高/m	—						
	北侧斜线 坡度							
日影限制	日影限制建筑物/m	10以上				10		10以上
	测定面/m	4				4		4
	限定值(5m线的时间)	4,5				4,5		4,5
占地规模限制的下限值		—						

资料来源:[日]谷口汎邦.城市再开发[M].马俊,译.北京:中国建筑工业出版社,2003.

四、主导理论或理论基础的认知和选择方法论

区域与城市规划的理论体系特别庞大且层出不穷,令人眼花缭乱,感到这一理论体系很难学、学不好,选用难、难用好。

(一)理论的分类

从整个科学体系看,结合发展实际,区域与城市规划的理论体系应该包括哲学理论、一般理论、区域与城市理论、相关科学理论、规划理论等五个部分:(1)马克思主义哲学的世界观和方法论指导;(2)具有理论基础意义的"老三论"

和耗散结构、可持续发展理论等;(3)区域与城市理论,主要有区位论、劳动地域分工论、城市化理论、空间结构理论、地域"点—轴"发展理论等工具;(4)相关科学的理论基础,主要有规模经济、价值规律、"核心—边缘"理论、梯度推移等理论、产业结构理论、生态理论、社会发展理论、需求层次论等;(5)整体规划、渐进式规划、倡导型规划和公众参与等研究规划本身的理论。

(二)选择主导理论和理论基础的三原则

理论或理论基础有高阶位与低阶位之分,其作用有主导与次要之别。其选择从根本上决定了研究成果的科学性、战略性和权威性以及解决实际问题的效果。主导理论或理论基础的选择准则可以归纳为以下三个。

重点原则。在解决国际社会、国家及其地方共同关注的人—发展—环境的课题研究中,主导理论或理论基础必须能够对规划高度与视野、各层次、全过程等起到统领和指导作用。此外,这种主导理论必须是被国际社会和学界所普遍认可和接受的,并有实践检验成果。

管用原则。主导理论应该针对具体问题的特征,切实地解决客观存在的具体问题,避免流于形式、不切实际等倾向。

简洁原则。主导理论应该简明扼要、通俗易懂和可操作。以最通俗的道理去阐述具体问题的解决方案,能让全社会听得懂、想得通和接受得了,操作起来有效率。

(三)三大主导理论和理论基础

首先,可持续发展理论是我国发展的总体战略以及全球共识。当今,国际社会的可持续发展实践活动日益深入,一些发达国家有效地缓解或解决了伴随工业化而来的紧张的"人地关系"。我国政府于 1994 年发布《中国 21 世纪议程》,于 2005 年提出建设资源节约型、环境友好型社会。进入新时期,我国提出了发展和保护相统一的生态文明理念,正在解决发展与人口资源环境之间的突出矛盾。坚持以可持续发展理论为指导,立足于资源节约、结构优化、质量提升、效率提高、低碳运转等五个规划观,才能纠正国家战略强调节约、集约与实际规划与管理恐高、控高、控强度这种上下脱节或错位的现象,是规划迈向科学性、战略性和权威性的根本途径。"假如我们不能从规划上提供节约资源的技术解决方案,作为一门专业或技术存在的价值必然大打折扣"。①

其次,尊重自然规律、经济规律、社会规律和城乡发展规律,是我国政府对规划编制的方法论指导和工作要求。在这方面,日本东京新宿站超级复合体

---

① 石楠.基本国策[J].城市规划,2005(12):编者絮语.

（站场及周边，地上、地面和地下）是多规律综合运用、多目标收益齐获的一个实例。(1)充分利用了有限的土地，为保全国家生态环境空间创造条件。(2)以350万人/天大客流聚成大市场，撑起大产业，以商务、商业、办公、宾馆、文化、教育、休闲、观光等多样化和高质量的供给服务触发大消费，创造出空前的集聚规模经济(2018年JR东日本收益中，非运输业为32%，其中，167处购物中心和酒店事业部分收入占12%)。(3)以17个与其他车站无缝连接的平台走廊、200个出口、更为顺畅的步行网络将站台与公共设施有机地连接起来，竭力克服距离限制，大大节省了社会日常交通时间成本，有效提高了人们实际生活品质。①(4)紧凑的多功能集合中心或建筑群有效消减了无效出行，破解了拥堵难题，创建了低碳城市，提升了城市运行效率，一石三鸟。(5)预防台风或冰雪对生活、营业、交通等的干扰，保障安全运转。(6)化身为了解客观规律和可持续发展思想的展示馆、教科书，以及孕育可持续发展社会和文化氛围的大课堂。

最后，法治与公平是我国核心价值观的重要组成部分，也是区域与城市规划进行研究，体现公共政策价值，所必须坚持的核心理论和原则。例如，控规涉及政府、用地主体、相邻群体等多个方面，其编制应该深入研究、科学界定三者的权利和义务，既要保障国家利益，也要保障地块经营权属人合法、合理的开发权，更要界定地块开发对周边相邻地块或建筑权属人在日照、通风等方面应该承担的义务。这些研究工作虽然不是规划的核心技术，但却是社会政治生活中的重要事项。对此，发改部门就建设项目社会影响所做的先行研究，或许值得参考与借鉴。

五、注重质量与效率的调查研究方法论

科学研究始于问题，问题源于调查研究。"没有调查，就没有发言权。"②首先，调查是感性认识和理性思考的重要环节，只有认清"是什么"，才可谈及怎么解决。其次，规划对象十分复杂，只有通过多次循环的调查与研究，才能把握住重要的、深层次的矛盾和问题，为"怎么办""务实办"和"有效办"打下坚实基础。最后，调查方法与活动看似简单，但要真正把握且操作到位，并非易事。

(一)深入了解调查方法

调查研究的方法很多。共同之处是，都要求围绕目的或主题，进行充分的事前准备，心中有数，方能提高调查质量和效率。不同点在于，各种方法内在逻

---

①日本这样做TOD项目[EB/OL]. (2019-06-17)[2020-02-05]. https://new.qq.com/omn/20190617/20190617A03TOX.html? pc.

②毛泽东. 反对本本主义[M]. 北京. 人民出版社,1975.

辑不同,各有优缺点。比如,访谈、会议和典型调查等方法,时间短、信息量大、被访者情况不明,调查者的沟通技巧、理论功底、实践经验、敏锐性、反应和跟进速度等就影响着调查的质量,有收获良多的,也有寥寥数语之后便空手而归的。这类调查的成果资料比较少见,主因恐怕就是方法操作的难度较高。

同样地,问卷调查法实际上也很有讲究。首先,问题必须客观。哪里来?怎么得出?与主题是什么关系?其次,问题串必须逻辑一致,尽量具体,避免否定或肯定问题,避免极端化以及不能设限等。最后,受访者应当真实、有效。此外,问卷设计和调查规程的正确,并不能完全保证调查结果一定正确,因为有随机误差,也可能有颠覆性的社会期许偏差。经常对照以上条件,有助于改进问卷调查质量。

一般地,调查与研究联系在一起。这需要有步骤地解决三个问题:(1)从调查材料中剖析、确定中心问题;(2)用联系和发展的观点,找出规律性的认识;(3)以所获认知,整理出有说服力的事实,做到调查材料和观点的统一,方是终点。

(二)跑到看到问到人

实地观察法是调查者直观感知客观对象,获取具体事物的表面情况的方法。为此,需要遵循以下三个原则。

(1)客观原则。城乡一体整体考察、中心与外围对比考察、现状与过去历史考察、重点与细节兼顾考察以及一事物与他事物关联考察等,多跑多看城中、城郊和乡村,商业、工厂和农业区以及学校、市场、住区、农户等,有利于了解当地实际,避免先入为主或选择性调查所带来的失真。

(2)差异思维原则。将耳闻目睹与经验比对,从中发现问题。例如,荷兰和瑞士城市道路桥面上的轻轨站(图10、图11)与浙江温州泰顺的廊桥功能有类似之处,重复出现说明其有规律性的一面,因此,值得留意与思考。

(3)敏锐性原则。2013年全国"一事一议"美丽乡村升级规划中,调查者不识浙江海岛县市溪沟中一块大卵石的自然和人文价值,未在设计图中标注保护要求,结果该石被施工人员炸成碎石,用于填方、铺路。这说明只是跑到看到、设计认真还不够,懂其价值才管用。

(三)找对单位找对人

规划资料一般可分针对性的研究材料、概貌性的汇报材料以及统计资料三大类,分散在许多单位。后两类资料较易获取,但需经整理与分析,才能反映出问题。第一类资料很少见于规划成果,原因可能是较难获取,或不知有这类材料。

实际上,各地的人大、政协、专业学会(协会)是人才、智力高度集中的智库,有许多熟知情况且很有思想的各类人才。从每年人大议案、政协提案中,可以直接了解到一些重大问题及其对这些问题的看法——真实又有代表性。从约访这些人入手,再顺藤摸瓜,可以寻找到更多的专业工作者,从而获得更多、更广泛有价值的材料,有助于快速找准核心问题、收集论点的支撑材料和铺筑规划构想的社会共识基础。

(四)对上话题求深入

尊重与请教的姿态、充分的准备、互动式交流方式是访谈调查的三个要点。(1)资料是受访者付出长期辛劳所得的成果,理应尊重和虚心学习,避免随意索取。(2)对受访者文章、单位情况做个初步的了解和准备——有何观点?有何可以讨论的话题?单位大概有哪些材料?从哪点开始谈起?等等。(3)尽量做互动式交流,可从宽泛式提问开始,问问某方面或参考资料有没有,避免开门见山,点名索取什么资料;或从引导性提问开始,问问本地是否有别的地方已经做过的某方面调研成果;也可请受访者介绍自己受到好评的观点或报告,从中找到深入的话题。受访者一般愿意与知音分享,而较难接受被简单索取、被拿去罗列或凑数。调查者若能够提供若干对方感兴趣的观点或资料,那么,良性互动的共赢关系就会启动。

(五)亲自动手丰衣足食

"资料清单一整套,交于地方委托办,坐等资料送上门",这已经成了比较常见的做法。除了规划研究报告(或中间成果)比较容易得到,很多原始资料几乎很难靠此法获得。原因是,许多清单表格是照搬规划成果的汇总格式设计的,而各个单位资料是法定统计格式或行业格式,整理的工作量大和人力有限就成了问题。

亲自上门、收集基础资料是必需的一个环节。这样调查者工作量虽然会大一些,但得到的资料肯定会很多,而且详细。此外,过去都靠手工抄写、复印,在信息化的当今,调查收集信息已大为方便,更有效率,而且后期还可快速整理、编排与统计分析。这些第一手材料经整理后,会有效提升规划的基础支撑力,也会使规划团队的执业态度得到项目委托方的认可与赞许。

六、注重沟通与效率的汇报方法论

课题汇报是研究或规划过程中重要的沟通与协调环节。时间短、信息量大和强度高的汇报工作,对针对性、逻辑思维反应、语句措辞、表达能力等的要求都比较高。根据前后逻辑关系和重要性排序,这里提出因会制宜、控制时间、重点突出、逻辑清晰以及形式多样等五个方法论原则,前位次原则均是后位次原则的前提。

(一)因会制宜

虽然沟通汇报、协调汇报、审查汇报和请示汇报都是汇报会,但是与会者及其审视的高度、角度和关切的问题却各有不同。因此,课题汇报必须针对特定的受众对象,并在高度、视角、内容以及话语体系上对上频道,方能取得良好的效果。否则难免自说自话的尴尬,低效或无效劳动的苦恼。例如,请示汇报会,决策者大多是想了解有什么大问题或建议、何种性质和何等程度、多大影响以及解决方案的价值,以便当场决策或提出有针对性的修改意见。

(二)控制时间

首先,冗长又脱靶的汇报,是毫无价值的。课题有大小之分,内容也有多少之别,但汇报会的时间总量一般是有限的。课题汇报所占用的时间多了,留给发言、讨论的时间就会相对局促。汇报用时太长,受众可能会因疲劳等原因而降低专注度,导致汇报效果的流失。因此,要提高汇报的质量和效益,就必须以思维简洁原则为指导,最好把汇报时间控制在 25 分钟以内,最长不超过 45 分钟。其次,无关的话,一定不讲;长话短说,言简意赅,清楚地阐述重点问题、解决方案及其任务的目标要求和价值所在这三个方面即可。在 2000 年杭州钱江新城概念性详细规划项目招投标最后一轮汇报中,笔者所做的约 25 分钟的口头汇报,得到了与会者的肯定和认可。

(三)重点突出

汇报时间需要严格地把控,而课题内容却比较庞大,如何突出重点,就显得非常重要。突出重点是指根据会议性质和受众,来选定课题内容中的汇报重点。联系实际进行汇报,让受众的关切能够得到回应,而不是单纯地以价值、创新或个人喜好等标准来选定汇报的重点内容;或面面俱到地照本宣科,让受众听得云里雾里,引起反感而导致汇报效果大打折扣。汇报会上,冗长、松散、脱靶等原因而招致提醒、打断甚至即刻终止汇报的情形,并不少见。

(四)逻辑清晰

课题汇报想要达到让受众既能领会意图和重点,又比较轻松的目的,其内容必须有一条清晰的逻辑主线,层层递进。了解和掌握"黄金三点论"汇报法,有助于梳理思路、构建结构和组织词语。

"黄金三点论"是帮助人们快速地从一些原本较为零散的内容中,整理出条理清晰、言辞得体的汇报内容的技巧工具。日常生活中的天、地、人，过去、现在、未来等，都呈现出"三点论"的现象。将其应用到演讲、会议或文章之中，便有了三个方面、三个观点或三个问题的讲法或写法。借助这个方法，可以边想边讲，边讲边想，有助于有序地组织汇报的结构和语言，避免思路混乱的情况发生。

（五）形式多样

针对不同类型的课题（总体规划、专项规划或详细规划）和不同的会议性质，现在较为常见的汇报套路是，按照背景、依据、指导思想和原则、总体思路和框架、专项规划、近期建设等次序，进行"框架式"汇报。汇报方法其实是开放性的，没有强制性的限定。例如，可以规划任务 ABC、重要问题 ABC 及其应对之策 ABC 为层级和内容，按照层级逐个汇报 ABC 内容，中间穿插若干必要的阐述和说明；也可组织条目型的汇报结构，按照 ABC 类别，分别汇报其各个层面的内容；还可从课题研究的重大结论 ABC 开场，进行分类别的观点及其论据阐述。多样化的汇报有助于吸引受众注意力，方便他人理解，也能体现汇报者的认真态度和内在价值。

控制性详细规划:理论、方法和规则框架

——基于可持续发展思想、经济规律和法治理念的探索

【摘要】 本文以可持续发展思想、经济规律和法治理念为指导,以节约资源、和谐建设为目标;厘清控制性详细规划与总体规划、修建性详细规划之间的关系;构建以基准容积率、上限容积率、建筑离界基准退让距离、建筑高度控制原则、建筑防火间距和出入口位置等要素为核心内容的地块规划方法;健全与完善控制性详细规划的相关规则。

"控规指标的制定是大家心照不宣地拍脑袋的结果,规划部门关心的是技术合理性及空间美观性"[①],"各地普遍出现控制性详细规划调整(有项目的地段80%~90%被调),只能说明制度设计的失败……控制性详细规划编制办法不改革是没有出路的"[②],"这说明当前控规的科学性不足,至少它适应发展的科学性不足"[③]。

上述表述反映出在历经20多年的探索和实践之后,控制性详细规划(以下简称"控规")所处的现实境况。本文试图从可持续发展理念、经济规律理念和法治理念的视角出发,结合我国香港和日本、新加坡等国同类人地关系条件的城市控规相关规则及建设实例,就控规理念、理论和方法,以及规则中的若干重大问题,进行深层次考量和比较研究,期望能为解决控规问题提供一种基于宏观层面和理论视角的框架性思路。

一、可持续发展理念、经济规律理念和法治理念是控制性详细规划编制的纲领性理念

(一)指导控制性详细规划的理念多种多样,有主次之分、层次之别

理念即观念、看法或思想[④],它是看待问题、分析问题和解决问题的方向标

本文原载于《规划师》2010年第10期;作者为韩波、夏振雷、李小梨;增补了原稿中的图1和图2。

①李咏芹.关于控规"热"下的几点"冷"思考[J].城市规划,2008(12):49-52.

②尹稚.关于科学、民主编制城乡规划的几点思考[J].城市规划,2008(1):44-45.

③段进.控制性详细规划:问题和应对[J].城市规划,2008(12):14-15.

④《辞海》编辑委员会.辞海[M].上海:辞书出版社,1989.

和基准点。

城市构成要素的多样性和城市问题研究的多学科参与,决定了看待并处理城市规划与建设问题的理念必定是多角度、多层面的。在众多的理念之中,寻找并确立纲领性的理念,对于把握控规编制工作的正确方向,透过现象抓住本质,切实有效地解决当前面临的各种矛盾和问题,具有重要的理论意义和现实意义。

(二)可持续发展理念、经济规律理念和法治理念是控制性详细规划的纲领性理念

之所以将可持续发展理念、经济规律理念和法治理念确立为控规工作的纲领性理念,主要基于以下三方面的考量。

(1)国家发展战略的客观要求和解决控规问题的实际需要。2005年党中央提出要把节约资源作为基本国策,加快建设资源节约型、环境友好型社会。在城市建设方面,要发展节能省地型建筑,形成健康文明、节约资源的消费模式。这要求控规编制和实践在指导思想上应当更多地重视并体现可持续发展理念。

节约资源,保障可持续发展是衡量规划科学性的一个重要标准,也是提升规划价值和对话层次,进而提高规划工作地位的重要立足点。"国策问题关乎国家根本,基本国策更是一切行动的指南……我们应该学会从城市整体的层面,从城市建设指导思想综合的高度,重新审视城市规划工作如何节约资源的问题……假如我们不能从规划上提供节约资源的技术解决方案,作为一门专业或技术存在的价值必然大打折扣。"[1]

(2)我国香港和国外同类城市控规规则遵循经济规律理念的启示。①鼓励集约用地,保障可持续发展。《香港规划标准与准则》明文告知"最高地积比率,是我们希望达到的目标"[2]。日本《城市再开发法》第一条明确指出:"设法合理而有效地利用好城市中的土地和更新城市功能,为公共福利事业做贡献。"日本规定:一、二类低层住宅区的日照测定面为建筑地坪之上1.5m,其他地区一律为4m(底层可作为住宅区服务业设施配套用房);其中,商业区、工业区和工业专用区不设日照限制;商业区一般建筑容积率上限为10,工业区为2~4;住宅区、工业区的最大建筑密度为60%,商业区为80%。②尊重地块的基本发展权利。《香港规划标准与准则》提出,在拟定发展建议时,务必使社会大众从发展计划

①石楠.基本国策[J].城市规划,2005(12):编者絮语。

②中国香港规划署.香港规划标准与准则[EB/OL].(2009-01-01)[2020-02-05].香港规划署网,http://www.pland.gov.hk/mobile/pland_tc/index.html.

获益最多。在日本,除了一、二类低层住宅专用区沿路墙面需后退1～1.5m外,其他地区不需后退。③尊重经济规律。为集中培育多重功能,形成并发挥集聚规模经济效益,日本国会于2006年5月24日通过了《城市规划法》和《建筑标准法》的修订:中心区建筑密度提高到80%,建筑外墙没有后退要求,不设定建筑的绝对高度限制,不设定日照限制,不设定北侧斜线,上限容积率设定为10,鼓励用地的功能复合等。所以,只有进一步认识、顺应并发挥客观规律的作用,优化城市土地资源利用和配置,才能做到既平衡各方利益,又满足各项功能的培育。

(3)控规工作的功能和作用。控规作为建设用地开发利用的规划环节和管理的直接依据,在理念层面上应当符合并体现出基本国策和法治的内涵要求。从本质上看,控规是在法治框架下界定公共、公众和地块权属人三者权利和义务的空间规划(即既要保障地块权属人合法合理的开发权,也要界定地块开发对周边公共空间、相邻地块或建筑权属人在日照、通风等方面应该承担的义务),带有鲜明的政策属性。长期以来,控规变更频繁、开发强度指标上的各方争论与博弈日趋激烈。相邻地块开发的公平性问题(开发权)、建筑红线的后退规定问题(物权)、地块内部的利用方式问题(经营权),以及由现行的住宅日照标准只设定下限,而无上限约束所带来的众多相邻纠纷(阳光权)……这些众多难解的现实问题提示,控规工作除了需从功能、景观、交通等方面做出专业解释以外,还需要在更高一级的层面上加强对规划法理基础的研究,依法规划,正确处理各方的权利与义务关系,为规划管理创造条件。有鉴于此,在控规的主导理念席位中,法治理念不可或缺。

(三)纲领性理念具有引领、协调的作用,能够促进城市运行管理相关理念的配套完善

在我国,实施高度集约化的城市建设是否会造成城市过度拥挤、环境恶化,难以有效管理的现象呢?首先,城市规划作为龙头,对城市社会经济的发展与管理具有纲领性的引导作用,规划可以转变并提升人们的思想观念,促进与之相匹配的各种城市运行管理理念、机制的发育与健全。其次,我国香港和国外这类高度集约化示范城市,已经以自身良好的运营状况回应了这种担忧——建立起了合理的交通发展理念及综合交通体系,形成了各种高水准的城市运行管理与应对机制,培育了现代、健康的国民生活方式和氛围。最后,WHO健康城市评估体系表明,城市建筑环境的高密度特征并不一定与生活环境质量的恶化相关联。我国香港、上海等大城市以及国外的高度集约化城市的人口平均预期寿命均比较高,这是一个客观存在的事实。由此可见,高度集约型城市是可管理的、有效率的,也是健康和安全的。

二、正确处理控制性详细规划与总体规划、修建性详细规划之间的关系,合理界定控制性详细规划的内容与深度

（一）控制性详细规划的研究对象和内容主体是地块的规划问题

控规要成为规划体系中一个独立的环节,必须拥有不同于总体规划(以下简称"总规")、修建性详细规划(以下简称"修规")的研究对象、研究内容和研究深度。否则,抑或被异化,抑或被同化。

根据《城乡规划法》和《城市规划编制办法》(建设部令第 146 号,2006 年)的精神,控规依据已经批准的城市总规(或者分区规划)进行编制,研究对象的主体是指规定范围内地块的规划问题,研究的内容包括确定不同性质用地的界线,以及各地块建筑高度、建筑密度、容积率、绿地率控制指标等,研究的深度要求是能够为规划管理提供依据,并指导修规或建筑设计。

从理论上看,这些规定的内容较为准确地界定了控规与总规、修规的层次关系,也明确了控规的基本任务,是合理和可行的。但是,这些规定在控制指标的实际含义及其设定、相互之间关系的界定、深度的具体要求等方面还不够明确,由此造成实践过程中的诸多误解。这在很大程度上影响了控规的科学性。

（二）纠正"控规修规化",避免"控规总规化"

我国的控规来源于详细规划(相当于现在的修规)。20 世纪 80 年代后期,规划界开始探索以地块控制性指标为核心的控规编制方法,试图将过去的一张蓝图管理转变为指标与原则管理。但是,这样的控规从一开始就烙下了很深的修规色彩,结果形成了一个"修建性控规"的制度。容积率、建筑密度、建筑高度、绿地率等关键性规划指标,不是从更高层面上结合国家发展战略、经济规律和法治要求来认识和把握的,而是向下借用、套用地块修规设计结果,把一个地块千变万化方案中的一个修规技术数据当成控规的规划指标,并据此进行管理。早在 20 世纪 90 年代初期就有学者指出,这样的控规是"更理性、更强硬,甚至过多地干涉了建筑设计、城市设计。以批判的态度告别'理想城市'的'乌托邦',而今在不知不觉中又走了回来"[1]。尽管"把摆房子式的全覆盖修建性详细规划改成指标式的全覆盖控制性详细规划,无法赋予控制性详细规划空间管制的稳定性"[2],但如今许多控规还在继续采用地块修规方法(包括日照分析)来验证控规指标的合理性。这种把控规的深度要求与修规等同起来的做法,造成很多规划上的自相矛盾和管理上的被动。

---

①张松.中国城市规划基础理论问题之我见[J].城市规划,1992(5):41-44.
②段进.控制性详细规划:问题和应对[J].城市规划,2008(12):14-15.

跳出修规思维的局限，加强控规依据宏观层面的基础性研究，是当前学术界的一个共识，这个大方向值得肯定。然而，"控规总规化"的倾向也需要引起重视。现行控规的确面临着一些宏观背景依据不足的问题（例如，如何应对总规实施中的变化要求，如何把握分区开发强度以及重要的公共设施、基础设施、各级公共绿地落地困难等），但这些问题产生的原因并不在于控规本身层面，而在于总规层面。故应该通过深化和完善总规的内容、深度、强制性规定，或者通过深化城市规划管理技术规定等方法来解决。在控规阶段，如果以其所涉及的局部范围来处理这些城市层面上的全局性问题，那么控规与总规的关系该怎么界定？在法律上和技术上究竟是否可行？一个地块的控制尚且困难重重，区块的总量控制又如何保障内部各个地块对于国家和地块权属人开发权的平等？

继续过去的"控规修规化"，或者以"小而全"的思维看待控规，把控规当成一个大箩筐，尝试"控规总规化"，均不利于控规的科学化。

（三）控制性详细规划是总体规划的细化和具体化，但在深度上要保持原则性与灵活性

一方面，相对于总规而言，控规细分了地块单元，提出了各个地块开发利用的强度、建筑高度、建筑后退等要求，确定了道路系统的定位坐标等，由此，在内容上更加具体化。另一方面，控规成果是为规划管理提供依据，并为修规或建筑设计提供指导，因而控规成果又应该是原则性的，需要具有灵活性，以区别于修规。

（1）控规确定的容积率、建筑高度等指标只能是原则性的，而非精确值。在控规阶段，实际容积率①、具体的建筑高度是无法求算的（见图1）。求算实际容积率、建筑高度等指标应具备两个充分和必要条件：①做到修规或建筑设计；②地块权属人到位（具备设计、开发的决策者）。因为控规不是修规或建筑设计，地块权属人也不确定，所以不能精确地求算每个地块的实际容积率、建筑高度。

在控规阶段，实际容积率、具体的建筑高度也无求算的必要。理由有三：①修规或建筑设计的编制主体是地块权属人，所以政府主持的控规不应包揽修规内容。②影响地块相邻环境的直接要素不是地块纯粹意义上的容积率、建筑高度指标，而是地块建筑本身的形体（高度、面宽等）、位置以及建筑组合方式等因素。所以从规划管理角度看，单一的容积率、建筑高度指标用途有限（特定地段除外）。③土地价格是为获取土地预期收益的权利而支付的代价，即地租的资本化。同一块土地在同一时点的市场价格并不以可建面积的多少（容积率的高低）来衡量，容积率法也不是地价估算的唯一方法（如我国香港的"勾地表"制

———————————

①实际容积率是地块建设完成后总建筑面积与地块面积的比值。

度),市场自然会去测算容积率,所以控规没有必要精确地去求算实际容积率,直接为土地出让提供参考。

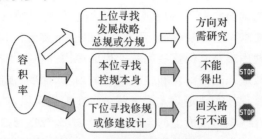

图 1　控规容积率的来源分析

综上所述,控规的容积率、建筑高度规定是原则性的,应该是一个有上、下限值的区间,而不是一个具体的、精确的数值(我国香港住宅密度分区的容积率指标就是如此,日本和新加坡则规定上限值)。

(2)容积率、建筑密度、建筑高度和绿地率"四要素"不可同时确定(见图 2)。如果同时设定建筑高度、建筑密度、容积率、绿地率这四项指标,那么实际上就确定了一个地块的建筑布置与建筑形体的具体框架,这样控规便会趋同于修规或建筑设计。这样的做法在实践中常常自相矛盾。

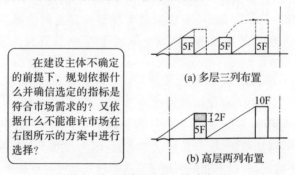

图 2　"四要素"可以一并确定吗?

(3)原则性的、非精确的容积率、建筑高度规定可以满足规划管理要求。建筑项目的规划管理是包含选址意见报告、用地规划许可、工程规划许可和验收等诸多环节的一个过程。控规主要服务于用地规划许可,并为工程规划许可阶段审查修规或建筑设计提供一个指导性框架。

根据《城乡规划法》第三十八条和第三十九条的精神,用地规划许可管理程序有三个阶段:控规,地块出让规划条件,核发用地规划许可证。地块出让规划条件依据法定的控规进行确定,较之控规更加精确、详细。因此,原则性的控规容积率、建筑高度规定,有助于提高地块出让规划条件研究、拟定的灵活性,有助于增强控规适应市场变化的能力。

至于一个地块的容积率究竟要做到多少,市场方面自然会给出一个定位值,只要符合控规的区间规定和其他规定的要求,便应该得到准许。这步工作应在后续的工程规划许可环节,根据控规对修规或建筑设计方案进行审查、决定。因此,控规容积率、建筑高度规定的原则性,不但比较科学地理清了控规与修规或建筑设计的关系,而且也为控规发挥对下层次设计的指导作用,提供了灵活的空间。

三、深化地块规划研究,完善控制性详细规划的基本方法

划分地块、提出地块规划①指标是控规的核心任务,也是控规由来已久的难点所在。因此探索控规的基本方法,需要重点研究地块规划的内容与方法。

我国城市规划的管理模式是规划围着项目转、量身定做,地块大小、边界一变动,规划就得跟着变更。此外,由于客观上存在规划外部因素的不确定性和不可控性,这就不可避免地会对控规拟定的地块、用途和规划指标产生一定程度的冲击。规划界应当明确地阐明这一点,否则,一味地把规划变更的所有责任归结于规划本身,是不合理的,也不利于城市规划行业的发展。

如果将来的规划管理按照法治化的要求转变,那么只要调研细致、构思合理、依据充分,按照规划确定的地块大小、用途及其建设指标等进行筑巢引鸟、对号入座式的规划管理是有可能的。这种控规模式目前虽有问题,但方向没有错,是应该继续研究,也是可以研究的。

(一)提高地块划分的合理性

地块划分是一种类型区的划分。类型区按照成因特征进行划分,一定范围内的相同类型可以重复出现,单元边界之间不重叠、不遗漏。

(1)数量指标划分法。数量指标划分法是根据一定的面积数量值对地块进行划分。划分依据有两种:一是标准与规范依据,包括各类公共设施、中小学、医院、市政设施等的相应用地指标;二是统计调研依据,调研公共设施、房地产、工业项目等用地现状、发展规模意向,借鉴同类地区同类项目的用地规模状况,综合分析后,确定面积指标值。这种方法需要详细深入的调查研究,但针对性强,论据比较充分。

(2)建筑关联划分法。根据现状道路、自然要素等格局,把围合范围内关联程度较高的建筑群体划分为同一个地块,以便开发或改造。这种方法主要用于老城区的地块划分。

(3)道路划分法。可以结合消防通道(4～4.5m)的布置,划分出最小的地块

———————————

①地块规划的概念相当于我国香港规划标准与准则中的地盘规划。

开发单元,以满足各种开发建设的需求。在我国香港建筑规划法规中,此类宽度的道路是很重要的。

(4)权属地块划分法。把同一权属主体的土地单独划分为一个地块,以避免一个地块包含多个权属主体而带来不必要的开发问题。这种方法适用于老城区改造中的地块划分。

(二)重视地块用途上的功能复合

目前,在地块用途规划中存在的一个主要问题是如何处理现行国标用地分类的单一性、出让地块用途单一化与市场需求的多样性、城市功能复合要求之间的矛盾,特别是一般的商业、办公和市场设施用地是否可以兼容住宅建筑?同一地块中一般的商业、办公设施是否可以相互兼容?

在这一方面,我们可以借鉴我国香港的宝贵经验,参考日本、新加坡等国城市的先行做法,即在城市一些区域尤其是中心区,利用一般性的商业、办公和市场用地,复合建设住宅,或者在同一建筑体中高度集合相关的商业设施等,以培育城市功能的多样性,增强城市活力。

(三)优化地块指标群,统筹兼顾权利与义务、刚性与原则以及可操作性

根据控规的主导理念和作用,参照同类别城市的规划经验,地块规划可重点考虑基准容积率、上限容积率、建筑离界基准退让距离、建筑防灾间距规定、建筑高度控制和出入口位置等5类6个主要指标。

1.基准容积率、上限容积率——构建多赢的发展权

基准容积率是地块开发建设的最低容积率(相似于基准地价)。上限容积率是地块开发强度的上限值。地块的实际容积率介于基准容积率和上限容积率之间。

基准容积率和上限容积率的设置,有利于保障国家和地块权属人的发展权(节约资源,充分开发),有利于保障地块权属人之间发展权的公平性,也有利于体现控规的原则性和灵活性,充分发挥管理和指导作用。

2.建筑离界基准退让距离——构建相邻的基本权利与义务

建筑离界基准退让距离是地块建筑后退道路、邻地和河流等要素的最小退让距离。

建筑离界基准退让距离的设定,是基于对现行规则和控规简单地按照道路宽度、地块拟建建筑的高度和人流密集程度,来规定建筑后退距离的一个法理上的检讨,是对地块使用基本权利的尊重。

3.建筑防灾间距规定——构建地块建筑密度的控制要素

符合建筑防灾规定是对地块开发的最低但也是最严格的条件。防灾间距

是对地块建筑密度的一个制约因素。从法理上看，在符合防灾间距的前提下，不存在可供干预地块内部布局（住宅地块除外）的其他法规依据。

4.建筑高度控制——构建地块权利与义务的判别准则

建筑高度（非纯粹意义上的建筑高度）是影响容积率大小的重要因素，也是构成地块与四周相邻土地、建筑、道路等之间空间关系的实体因素。

建筑高度控制原则是土地开发容积率的一个制约因素，所以即使设定了较高的上限容积率，实际容积率也不一定有条件达到。

5.出入口位置——构建地块与外部交通关系的规定

虽然出入口位置的设置对于地块利用率有着较大的影响，但也不能随意设置。出入口位置的设置必须服从道路交通整体规划的要求，这是地块应当承担的义务。

四、解放思想，健全和完善控制性详细规划的相关规则

规则是编制控规的基本依据，包括标准、规范和城市规划管理技术规定等。科学、合理的规则应当体现出主导理念的基本精神，并为政府、社会、市场各方所接受和认同，成为理解规划的工具、判别规划的标尺。

遵照三个纲领性理念，同时考虑到建设与管理高水准、现代化的长远要求，当前可从"补充、调整、规范"三个方面着手健全与完善控规的相关规则。

（1）深化各类地块建筑规划设计的探索与研究，加快制定建筑标准法或者类似我国香港的《建筑物（规划）规例》，补充新规则，健全规则体系，为地方规定的制定提供基准依据。

（2）广泛借鉴国内外鼓励城市集约用地的相关规则，适当调整有关土地开发强度的指标值，并以此为契机促进城市集约化建设水平和管理水平的提升。

（3）依照法治原则，规范诸如住宅日照标准等现行规则，切实保障国家和地块的发展权。

（一）容积率

（1）基准容积率和上限容积率。我国香港分为都会区、新市镇和乡村地区3种住宅发展密度区域，并对每个区域设定容积率的上限值和下限值，如都市区的Ⅰ区下限为5，上限为6.5、7.5、7、8、9、10；Ⅱ区为3～5；Ⅲ区为3以下。

国家级中心城市可以参照国际性中心城市建设的经验，来建立各个分区的发展密度分级体系。地区中心城市的发展密度分级体系可以参照国内邻近中心城市，结合本地实际设定，以此类推。这种方法具有发展目标明确、地区统筹安排等优点。

各地城市规划管理技术规定可以担当城市发展密度分级体系的研究和确

定工作。在这方面,深圳市的一些先行研究与实践具有借鉴意义。

(2)最大容积率。我国香港和日本的城市中心区一般最高容积率均设定为 10(超高层建筑用地除外);这个经验数值是经过长期规划实践总结出来的,具有客观性和规律性。

(3)住宅用地容积率。我国其他城市住宅地块的容积率(以高层为例)平均为 3,最大的为 4,最小的只有 2.5。① 对比我国香港新市镇的 3~8 和都会区更高的指标值,我国其他城市的指标值有一定的提升空间。

若以居住小区、组团而论,日本城市注重在一般住区底层设置配套用房(故设 4m 日照测定面的标准),发展住区服务业,增加就业岗位。如此,在同样的地块、同样间距下,可以提高区块总建筑容积率。我国其他城市小区或组团容积率是以纯住宅建筑面积为主计算的,所以,如果加入产业因素,我国其他城市住区的建筑总量也有提高的必要和空间。

(4)商业用地容积率。我国其他城市商业地块的容积率(以高层为例)平均为 5~6.5,最大为 9,最小的只有 4。对比日本城市 2~10 的指标值,我国其他城市的指标值有很大的提升空间。

(5)工业用地容积率。我国其他城市工业地块的容积率(以多层为例)平均为 2,最大为 2.5,最小的只有 1.5。我国香港新市镇容积率核准幅度为 3.5~9.5(最高平均为 5.0),科学园为 1.0~3.5(最高平均为 2.5);日本城市为 2~4。因此,我国其他城市的指标值有必要根据产业类型、区位等,做适当的上调。

(二)建筑高度

日本对建筑高度的控制规划,一是斜线规划,包括:(1)道路斜线;(2)相邻斜线,处理建筑与周边相邻土地及建筑的关系;(3)北侧斜线。二是日照限制,以保证相邻建筑各自的最低日照要求。但在商业区、工业区、工业专用区不设日照限制。

虽然我国其他城市对建筑高度也有道路斜线和日照控制,但是由于国内的道路斜线法则和日照限制的使用区域与国外不同(我国没有明确在商业区、工业区是否设置日照限制;另外,过于强调绿地与开敞空间,实际上就等同于实施日照限制),加上目前尚无相邻斜线和北侧斜线规则,因此在这些方面,需要对相关规则进行补充和完善。

(三)建筑密度

在一定片区内,我国其他城市与我国香港和日本、新加坡等国城市的建筑

---

① 根据对上海、杭州、宁波、温州、深圳、苏州等城市规划管理技术规定中的资料统计。

总量存在较大差异，其中最主要的原因是建筑密度规定的差异。

我国香港工业区、科学园、乡郊工业区的建筑密度设定为 40%～80%；日本城市住宅区、工业区的建筑密度上限为 60%，商业区达 80%（如横须贺市汐入车站站前地区达 90%）。而我国其他城市现行最高值只有 40%～50%。

从提高土地利用效率、促进中心商业区的连续性、形成有活力的紧凑结构，以及许多中小城市（镇）所面临的建于 20 世纪 80—90 年代的老城区改建困境等角度看①，现行的建筑密度规则需要做更深入、更全面的检视。

（四）绿地率

我国现行规定对地块有 10%～35% 的绿地控制要求，非常注重绿地数量。然而，国情条件、客观规律和法规却更应该时刻牢记、重点关注。

控规应该围绕公共性，从三个方面对绿地进行控制：（1）严格落实上层规划确定的各级各类公共绿地；（2）合理确定沿路、沿河、厂区防护等绿带的宽度；（3）提出特定地块的内部绿地设置要求（如有污染的工业用地、居住小区及组团、学校、医院、重要公共设施等）。

一般地块内部绿地的性质不同于公共绿地，其设置乃地块权属人之事权，故无强制实施绿地指标的法理依据。

绿地率指标的设定需要分类对待，居住区、学校、医院等可以统一设定；沿河、沿路、厂区防护等绿地，则需结合具体情况，进行研究并确定。此外，绿地指标也应有强制性和指导性之分。

（五）建筑离界基准退让规定（沿路）

除了一类和二类低层住宅专用区以外，日本都没有城市建筑墙面的后退规定。美国 SOM 公司在编制深圳福田中心区时提出，高度 40～45m 的街墙立面不允许后退；超出 45m 以上的建筑部位，逐渐后退街墙立面线 1～3m。这些思想既体现出对用地权利的尊重，也体现出对景观美学的理解和共识——整齐，就是一种公认的美。

建筑的后退除了考虑交通因素之外，管理水平的提高、社会秩序的优化、设施的设置方式等因素也应该有所考虑。

（六）日照标准

日照标准设定需要注意以下三点：（1）改现行的基准性标准为指定性标准，

---

① 根据浙江温台地区老城区调查情况，现状容积率约为 3，密度近 80%。按照现行规定 1.8 的容积率、40% 的密度，难以平衡和改建操作（即使全部按照高层指标）；而参照现实格局，实行自主改建，规划部门则无据可依，难以审批。因此，改建难度和矛盾相当突出。

即超出指定日照时间的日照时数为国家所有,不足指定标准的按照现状、老城区、新建地段、新城区等情形,分类处理。(2)新城区建设与老城区改建的指定标准,应分别设定;老城区要更多地考虑历史条件和现实性。(3)住宅区的指定标准可按用地类别设定,而在商业区、工业区,应不再设置强制性日照标准或较低的指定日照标准。

五、结 语

从可持续发展思想、经济规律和法治理念的高度与视角,对控规理论、方法与规则中的若干重大问题进行探索和研究,是一次新的尝试。通过研究,本文对控规的纲领性理念有了新的认知,对控规的定位、内容和深度有了更为明确的理解,对控规具有权利和义务的界定作用这一本质有了新的认识;提出了控规阶段实际容积率无法求算、无必要求算、"四要素"不可同时运用等观点,提出了以地块规划为重点,完善控规方法的基本思路与操作框架,提出了健全与完善控规相关规则的若干见解。上述认识与观点为控规问题的进一步研究和所涉及问题的方法论探索,提供了参考视角。

论我国城市规划工作的改革与发展

【摘要】　本文认为现行城市规划存在着结构性要素缺损,其知识体系和管理资源不足以支撑研究并解决当今复杂的城市问题,是导致当前我国城市规划工作超能力运转,陷于种种困境的核心问题;同时提出以"理顺关系,整合资源"为思路,"三个战略性调整"为手段,促进城市规划工作的改革与发展。

城市规划的实践不仅仅是城市规划学科理论认识的来源和发展的动力,更是检验城市规划学科理论及其工作正确与否的唯一标准。正确的理论和工作组织框架可以科学、有效地指导实践,并使实践活动达到预期的效果;反之,就会对实践产生消极的作用。实事求是,客观地总结我国城市规划工作的经验和教训,找出核心之问题,明确改革之方向,应该是当前规划界首先必须解决的一个重大的战略性问题。

一、困境中的城市规划

近几年来,随着我国经济社会的持续、快速、稳定发展,城镇化进程大大加速。作为指导城镇化进程和城镇建设的城市规划,无论是学科的理论研究与建设,还是实践活动,都受到了方方面面前所未有的重视与关注,显得非常活跃。城市规划在成为热点的同时,也成为一个焦点,所暴露出来的问题越来越多。2004 年 4 月建设部规划司委托中国城市规划学会召开的城市规划专家座谈会,对城市规划工作现状用了"三个空前"加以表述,即"规划工作在全国受到空前的重视,但规划工作面临的矛盾、问题和困难也是空前的,甚至规划的失控也是空前的"①。在 7 月召开的城市规划行业改革与发展大会上规划界也感受到了很大的压力。这些空前的矛盾、问题和困难,概括起来主要有三个方面。

(一)城市规划的法律严肃性受到了严重的冲击

以城市总体规划的编制为例,我国《城市规划法》第二十二条规定:"城市人

本文原载于《浙江建筑》2006 年第 2 期,作者为韩波。

①佚名.专家指出存在规划失控现象[J].城市规划,2004(6):7.

民政府可以根据城市经济和社会发展需要,对城市总体规划进行局部调整,报同级人民代表大会常务委员会和原批准机关备案;但涉及城市性质、规模、发展方向和总体布局重大变更的,须经同级人民代表大会或者其常务委员会审查同意后报原批准机关审批。"但在实际执行中,这一规定受到了各种形式的巨大冲击,事实上已形同虚设。许多地方的城市规划已经变化为一种任期制性质的规划,随地方主要领导的人事变动而一而再、再而三地被改变。地方政府以完善城市规划体系、增强规划的宏观调控机制、提高规划超前性和可操作性等为由,借助概念规划或专题研究等名义,绕开法定程序,改变或突破原规划;或通过分区规划、详细规划等方式,逐步改变原来的总体规划;或者甚至先建设、后规划等。规划二三年就得报废一次,已是众所周知。

(二)城市规划的理念、科学性受到了严重的挑战

简单的做大、做强的规划思路,大草坪、大广场、大马路的规划手法等,相信并非是大部分规划师和规划管理部门的本来意图,但是上述规划思路和手法在城乡规划、建设中被大量运用的背后,折射出城市规划管理部门和设计单位所掌握的城市规划理论知识,已经难以说服各级城市政府的领导、开发商及其他投资主体;所掌握的管理、设计权限难以落实合理的城市发展规划,难以引导城市的有序建设(当然要说服、要引导还受其他因素的影响)。遗憾的是,这种情况也同样存在于一些富裕及正在富裕起来的农村。很多村民觉得,规划不就是把老房子拆掉,把新房子排排序,把道路拉拉直、做做宽,把河坎用水泥、石头砌一砌。对于规划师们所提出的保护特色等设计理念,他们普遍地认为那是"吃够了肉、现在想吃草的你们不让我们吃肉?!"此外,城镇体系规划、城镇群规划、概念规划、城乡一体化规划以及正在酝酿中的形形色色的规划,作为尝试或探索,有其一定的研究价值,但在有关各方对上述规划的功能、法律地位、部门职能协调、研究深度与内容、相互关系等方面的认识并不一致的情况下,将其作为一种工作普遍地开展,不但实际效果有限,而且也造成了各方面对城市规划科学性的质疑。更何况早在 20 世纪 90 年代中后期,一些规划学者就对城镇体系规划的内容及作用提出过有理有据的质疑。

(三)城市规划行政主管部门的形象受到了严重的损害

2005 年初,在某大城市市级机关"满意、不满意单位"评选活动中,市规划局被评为唯一一家"不满意单位"。然而,问题的严重性在于,首先,这并非个别景况,有不少地方规划管理部门在为避免低位次排名而努力;其次,这事竟然发生在城市规划受到高度重视、规划地位大大提高的今天。

以上种种情况提出了一个问题,即城市规划怎么了?"看来不是规划不受

重视,而是机制有问题了。"①那么,是何种机制有问题呢?

二、核心问题的探究

面临这些现实问题,规划理论界和规划管理部门从 20 世纪 80 年代以来一直在努力地探索与分析,并且针对所认识到的问题,提出了一些具体的对策。归纳起来,大体有表 1 所列的三方面。

表 1 现有相关研究对问题的认知及其对策

问题类别	具体认识	相应的对策
法律、执法	1. 规划立法不完善 2. 执法力度不够 3. 规划的公开性不足 4. 监督缺位	1. 修订、完善法律 2. 依法行政 3. 实施阳光规划
体系、内容	1. 规划体系不完整 2. 规划内容不够全面	1. 进一步拓展宏观层次的战略规划研究 　（如概念规划、城镇体系规划、城镇群 　规划、县市域总体规划） 2. 加强多学科研究 3. 加强行动规划研究 4. 对非建设用地进行控制
规划指导性	1. 缺乏弹性 2. 动态调控能力薄弱	1. 弹性规划、滚动规划 2. 加强近期建设规划 3. 增强规划实施政策的研究

资料来源:作者自制。

然而,问题并没有随着这些探索与研究的深入、相应工作的补充开展而得到有效的解决,不但依然存在,而且在一定程度上较之以往更加突出。这表明,上述研究分析只涉及了引发事情的一些表征性问题。那么,核心问题究竟何在?形成这种困境的核心问题应该说是多方面的,有外部的问题,但更多的应该是规划界内部的问题。

纵观国外城市规划的发展过程,反思此前 20 多年我国城市规划的工作实践,现在已经可以得出这样一个判断,即核心问题在于现行的城市规划在学科建设、专业人员培养、工作组织框架等方面存在着结构性要素缺损;这使得城市规划的学科理论、教育体系、规划成果内容体系、管理部门职能等框架,不能为研究并解决当今复杂的城市问题提供所需的知识体系和管理资源——即以物质环境规划设计知识为主体的狭义城市规划,比较简单地把城市看成扩大了的

---

①唐凯. 新形势催生规划工作新思路[J]. 城市规划,2004(2):23-24.

建筑单体。由此,在规划设计上,只注重图面效果,却忽视对图面背后复杂的社会经济问题的研究;只注重规划的种种构想和蓝图的描绘,但缺乏对构想前提(如约束条件)和实施政策的分析研究和综合论证;在规划实施的管理上,以单一的规划管理部门之力来综合、调控表面上是形形色色建筑物排列组合,但实质极为复杂的城市社会经济演变过程。缺乏理论体系的保障,缺乏知识结构体系的保障,缺乏管理资源的保障,造成城市问题解决不了(超过能力范围),或解决不到位等。于是,问题便油然而生。"城市规划基本上是处于一种想管管不了,不管又躲不掉的尴尬局面。"①

(一)规划学科的知识结构单一化,不能适应城市研究和管理要求

城市规划学科主要源于建筑学,其特有的形态、形体基础理论和表现技能(即能够将社会、政治思想家们对城市的认识与追求目标,以图示的方式直观地体现在城市物质空间上)确立了城市规划学科在以往城市研究当中的基本地位。然而,城市不同于建筑单体,它是集社会、经济、技术、文化、自然等要素于一体的综合体,其所包含的因素达 $10^7 \sim 10^8$ 之多。随着城市化的发展和城市问题的区域化,城市问题的研究和城市建设的管理显然要求多学科的综合和联合,因此国外发达国家的城市规划由单纯的建筑空间形态研究,逐步转向了集合社会、经济、城市规划、工程技术、环境、心理、政治、法律等学科的理论及其技术手段进行综合性研究,更加注重规划的公共政策研究和实施过程的措施研究。比如伦敦规划就包括空间发展战略、经济发展战略、交通战略、生物多样性战略、空气质量战略、市政废物管理战略、城市噪音战略、文化战略等。首先,随着这种转变,一些发达国家的专业教学从传统的以建筑、工程为主体的"功能主义"规划教育模式,逐步转向基于多学科专业系统训练的城市问题、公共政策的研究与教学。有的大学一般已没有城市规划本科,只开设研究生课程;学生来自政治学、经济学、社会学、心理学、地理学、各类工程学甚至医学等学科,围绕城市问题与发展进行学习、研讨,培养在实际工作中分析问题、解决问题的综合能力,以顺应城市规划研究法制化(政策化)和项目化(规划实施)这两大发展趋向。其次,国外有的大学已经把城市规划学科点设置到公共政策等社会学科类别。

我国的城市规划专业是从建筑学专业分离出来的,现在大多仍设置于建筑或工程类学科体系之中;主要教学内容比较偏重城市规划技能和以物质环境规划设计为主体的一些基础理论知识。后来虽然针对"就城市论城市""宏观研究不足"等所产生的问题,增设了一些经济、地理、社会、生态等方面的选修课程或

①石楠.试论城市规划中的公共利益[J].城市规划,2004(6):20-31.

讲座,但这些课程的学习时间相当有限,所传授的知识面还是比较狭窄,没有建立起能够适应广义型城市规划研究、管理需要的复合型人才培养体系。这样培养出来的,只是一种狭义型城市规划专业人才,其很难适应深入研究且解决复杂的城市问题之需要,很难依据所学知识来吸收且综合其他专业的研究观点与成果,并为城市规划所用,当然也很难在规划实践中引导且说服一些综合能力越来越强、思路越来越宽广的领导干部。

城市规划专业教学培养方案(修订)设想,在保留 8 门核心课程的前提下[8门核心课程包括:城市规划原理(含城市道路与交通)、中外城市发展与规划史、建筑设计(课程设计或评析)、城市环境与城市生态学或风景园林规划与设计概论(供选择)、城市经济学、城市规划课程设计、城市规划管理和法规、城市规划系统工程学,占总课程学时的大约 1/3 弱],①增加其他学科的课程,以期培育强项,拓宽知识结构,办出学科特色。这里,有两个问题还需要深入论证:在建筑与城市规划学科体系中是否有能力形成城市研究的学科群,进行有相当深度的相关学科的知识教学? 学生能否学到并掌握相当广度和深度的相关学科知识及分析研究能力(学习时间的有限性以及不同学科思维方式、学习方式的差异性)? 因为选修某学科中一二门相关课程与接受系统的专业学习、思维训练是完全不同的!

(二)城市规划的体系不完整,学科本身的研究能力和规划管理部门的能力有局限性

随着社会经济发展阶段的演进,当代人口、资源、环境问题的日益突出等,国外发达国家城市规划的发展经历了由狭义向广义的转变。广义上的城市规划是一种包括社会、经济、文化、自然、空间等要素的综合性规划,它是分析、研究并确定城市整体发展的战略目标,提出可供选择的行动方案及相应政策、行动措施的过程。它的内容已经从以往单一的蓝图描绘转向规划公共政策研究和实施的项目分析研究,需要多学科的联合参与,其实施也需要各个部门的共同合作承担。狭义的城市规划是空间规划体系的一个层次,空间发展规划中的一个部分,其主要研究对象是集聚空间单元(城市、村镇、村庄)的演变规律与特征、物质环境的合理开发与建设布局、形体设计等,其依据来源于上一层次的空间规划(区域规划)和广义的城市发展规划。这种规划研究也在吸取其他学科的相关知识,但其最基本、最独特的知识体系还是与空间设计本身有关,其主要成果是蓝图的勾画及描述。

我国社会经济、城市化的快速发展,对指导城市有序、合理发展的有效需求

---

① 陈秉钊.谈城市规划专业教育培养方案的修订[J].规划师,2004(4):10-11.

客观上将城市规划工作推上了空前重要的地位;其他宏观规划研究如区域规划、城市发展规划(即广义上的城市规划,包括物质环境规划设计)等暂时性缺位,也促使了城市规划如今重要地位的形成。于是,领导重视,民众关注,期盼城市规划能够有所作为;规划学术界和管理部门也尽力将城市规划推上一个重要的地位,并期望其发挥出重要作用。从现时的客观实际看,尽管规划界一直在努力提高宏观研究能力,尽管管理部门一直在努力加强部门之间的联系与协调,然而目前所能够做的和具体操作的城市规划,还是狭义属性的,要触及并调控图面背后更广、更深的社会经济过程显得非常困难。从空间规划体系来看,这种狭义的城市规划也只是区域(国土)—城市—小区等空间规划体系中的一个层次,其规划设计受到上层次规划的制约。面对上层次规划(如区域规划、城市发展规划)暂时缺位的背景,试想通过区域城镇体系规划、城镇群规划、城乡一体化规划、概念规划等来适当弥补规划依据,想法是积极的,但现行城市规划知识结构的单一性和管理资源的局限性使得这类理论研究和实践活动的效果都不甚理想。因为随着空间尺度的扩大,其问题复杂性程度大大提高,城市不是一个放大的建筑,区域更是完全不同于城市;试想通过城镇体系规划内涵的扩充,替代区域规划、城市发展规划等,在理论上和实际工作中目前的条件还不具备。此外,重复或雷同的规划概念如此之多,也从一个侧面反映出城市规划的不成熟,导致规划权威性和公信力下降。

(三)现行的管理办法未能有效地促进规划知识结构的多元化,以弥补专业局限

我国城市规划设计单位、管理部门的人员几乎全部来自各个学校的城市规划、建筑学等专业,几乎没有经济、社会、环境等其他专业人员;20世纪80年代初期开始有部分经济地理学专业的毕业生进入规划设计队伍和管理部门,但人数非常有限,由此造成人员结构比较单一,知识结构雷同,此其一。其二,出于种种原因,规划设计单位或管理部门又很难吸留经济、地理、历史、文化、社会、生态、法律等各方面的专业研究人员。其三,现行的城市规划编制资质管理规定,一方面没有规划设计单位相关学科人员的配套要求,只有小配套的一些规定(如水、电、园林等);另一方面又限制其他学科团队参与城市问题的研究和规划,由此导致规划行业均质化,成果构想化(蓝图描绘及设想说明多,但在论证的视角、论证的手段、论证的深度等方面还很欠缺)。

三、城市规划工作的改革方向

我国的城市规划必须改革,首要任务是要找出正确的方向,解决以上述及的方向性、战略性问题。否则就会迷失目标,形不成合力,当然也就不可能达到

预期的目的。根据城市规划工作的特性、政府的机构及职能框架和相关部门的情况等,改革的基本思路应该是"理顺关系,整合资源",具体手段是"三个战略性调整"。

(一)调整城市规划的学科关系,强化综合研究和公共政策研究,培养复合型人才

借鉴发达国家城市规划学科建设的成功经验,重新认识城市规划学科的性质和特点,在现有城市规划专业、综合性学科基础较好的高校,组建独立的城市研究中心和研究生教学单位,集合包括政治、经济、文化、社会、法律、生态、心理、工程技术等学科的师资力量,开展多学科的综合研究,形成以城市为研究对象的学科群;调整研究生的学科来源,招收其他学科毕业的本科生,开展以城市为研究对象的专业教学,逐步培养一支能够从事广义型城市规划、研究与管理的队伍。这既是应对城市问题研究的实际需要,也符合当今学科既不断分化,同时又日益综合的演进规律。虽然我国国情与发达国家有所不同,但这种学科的改革与发展方向有相同之处。这样的做法需要城市规划学术界具备超越自我的勇气,同时树立两个共识:一是能够引导、推动和开创城市层面多学科的综合研究、联合管理新局面,能够为经济建设和社会发展提供有效的规划指导,这实际上就体现了规划界的巨大贡献!二是这样的做法不但不会降低城市规划学科在新体系中的地位和作用,反而将会更好地发挥城市规划学科的作用——因为多学科的综合研究需要在特定的空间单元上展开并加以协调与落实,而这正是空间规划专业人员能够发挥协调、综合作用的优势所在。

(二)调整规划编制的管理机构,形成"区域—城市—小空间单元"的综合型规划体系

规划的实施管理需要拥有与之相应的管理资源和措施。当前,各个部门都在编制本部门的发展规划,但是由于条条分割,这些规划之间难以综合协调,往往造成低水平的重复,形成规划资源的巨大浪费。整合规划编制的管理机构应该根据政府机构的设置及职能框架,结合政府机构改革,实行区域—城市规划编制的统一管理,形成"区域—城市—小空间单元"综合型规划体系。从目前条件看,规划编制的管理机构可以设在发改委,由其统一管理宏观层面的战略规划,使专项规划能够更好地为宏观层面的综合规划提供前提条件和约束边界,同时也可以更好地细化综合规划的后续配套工作。规划编制管理的重点和层次是"区域—城市"层面的综合发展规划(包括经济、社会、文化、环境、资源、生态等)及其空间布局框架设计,明确"区域—城市"发展的方向、目标、开发规模及其空间范围、单元组织与功能结构以及各类基础性配套设施等,这一层面之中社会性、工程性基础设施和下层次的次区域规划（如城市总体规划、分区规划等），由相关部门根据发展规划和空间框架的总体要求进行具体化。

（三）调整与完善对城市规划作用的认识，提高规划的科学性、统一性和可操作性

首先，过去认为城市规划的基本作用是控制和诱导。所谓控制，是指政府通过城市规划，对特定空间单元的特定建设行为进行必要的约束（禁止开发、布置或有条件开发、布置）；所谓诱导，是指政府通过城市规划定向引导城市的发展方向，有意识地培养某些城市机能。从国外发达国家的规划实践来看，还应该明确城市规划是一种公共服务，因为提供公共服务本身也属于一种政府行为。明确这一点，可以促进城市规划成果的深化和完善，可以促进城市规划实施管理的法制化，可以促进规划管理部门工作方式的转变和良好形象的树立。规划部门应该通过网站、媒体、手册等形式，让城市所有相关的目标群体都了解规划，都认识规划，从而共同参与规划，实施规划，以此逐步改变现在"规划不公开，大家都不知；展览好精彩，大家看不懂；规划常常变，大家搞不清；最后有问题，全是规划错"的局面。

其次，城市规划是一项综合性的工作。相关专业部门也应该集思广益，只有这样才能形成综合研究和专项研究相互交流、反馈的平台和机制，达到规划协同之目的。城市规划设计和规划管理部门需要充实相关学科的知识，改善知识结构，拓宽视野，提高综合分析、研究和解决城市问题的能力。相关专项部门需要树立协同发展的规划理念和意识，以便各专项规划的综合。

最后，完善规划设计单位管理办法，调整人才知识结构；拟定相关政策，逐步优化规划管理部门的人才结构。

浙江省村镇体系规划中的产业发展、公共服务和特色规划研究

【摘要】 针对当前村镇规划中存在的唯工业化倾向、公共服务配置不足、乡村建设趋同化等问题,本文从产业、公共服务和特色环境对村镇发展与布局的影响评估出发,结合国家发展战略和国内外规划经验,探索了产业发展规划、公共服务规划和特色环境规划的主导理念、基本原则和重点内容。

一、引 言

2000 年以来,浙江省各地都编制了镇(乡)和新农村规划。从实践情况看,村镇规划在产业发展研究、公共服务配置及环境特色规划等方面存在三个主要问题。

(1)唯工业化倾向。改革开放以来,在农村工业化的推动下,"以工兴镇"成为浙江村镇产业发展的主导思想和行动准则。一些城镇规划的工业用地较 2005 年规划用地增加了 30%～50%,多的增加了 5 倍,甚至 10 倍。而乡村固有的第一产业和新兴的第三产业却没有得到足够的重视,致使村镇发展和布点缺乏合理的产业支撑,无法健康、持续地发展,规划效果大打折扣。[①]

(2)对公共服务的机制作用认识不够,相关设施不足。上学难、就医难是许多村庄普遍存在的问题。以学校为例,2000 年浙江省某市有 150 多所小学,2009 年锐减至 45 所,在校学生减少了 20%。[②]该问题致使村镇定居功能退化,人口持续性外流。温州市某些乡镇的外出人口占总人口数的 15%～20%,多的达到了 30%[③],老人和儿童成为留守主体。乡镇发展的结构性要素出现残缺,村镇生存困难,日趋衰落。

(3)乡村建设趋同化,特色消逝。大规模地撤并建制镇、乡和村庄,追求表

本文原载于《规划师》2012 年第 5 期,作者为韩波、顾贤荣、李小梨。

①黄晓芳,张晓达.城乡统筹发展背景下的新农村规划体系构建初探:以武汉市为例[J].规划师,2010(7):76-79.

②资料来源:浙江省某市统计年鉴(2010 年)。

③资料来源:根据浙江省温州市若干镇(乡)统计年报整理(2009 年)。

面上的人口聚集,既不便于农业生产,又肢解了以往乡村整体的肌理结构。在环境规划方面,一些小城镇或村庄追求大马路、大广场、大住区,布局整齐化、建筑高层化,以及防洪排涝、交通等建设项目工程化,缺乏与环境、景观、生态、城乡布局等关系的综合协调,原有的风貌特征日益消失。

按照城乡经济社会发展一体化的要求,发展农村产业,加强公共服务和基础设施建设,建设农民幸福生活的美好家园,是国家"十二五"规划纲要提出的重大战略任务。① 目前,对于村镇规划的研究和编制,尚缺乏有关内容、深度和标准的明确规定。因此,对村镇规划问题的研究有着重要的现实意义。

本文采用文献研究、实地调查的经验方法,配合统计、比较、分析与综合等逻辑方法以及多学科综合分析等方法,对村镇规划问题进行探索。

(1)以城市化、产业结构演进和产业地域分工等理论为指导,围绕服务、支撑村镇布点规划这一中心点,分别探讨村镇的产业发展基础、动向及其对村镇布局的要求,进而梳理出产业规划的理念、原则及重点。

(2)分析并明确公共服务在村镇发展中的重要地位和作用,综合考量公共服务规划的各种影响因素,进而提出公共服务规划的理念、原则和村镇两级公共服务配置的内容和标准。

(3)明确村镇特色的概念及其意义和作用,构建特色要素的分类框架,进而寻求村镇特色规划的理念、原则和重点。

二、村镇产业规划

(一)产业发展及其对村镇布局的影响

1. 第一产业

(1)总体发展趋势。第一产业是村镇的传统产业。农业在我国经济和社会发展中的重要地位,决定了其始终受到国家的高度重视和政策上的扶持。只要镇(乡)地域中有一定的农业资源(特别是耕地资源),未来农业发展的基本趋势是可以确定的:①传统农业将向现代农业演进;②产业规模将不断扩大;③直接从事农业的人口总量会大量减少,但会保持适当的数量(如日本农民约占到全国人口的 4%②)。村镇作为农业生产、资源保育的据点,不会消亡。现阶段的农业生产、发展困难等问题的起因不在于资源、生产和市场,而在于价格体系。

①中国中央人民政府.国民经济和社会发展"十二五"规划纲要[EB/OL]. (2011-03-16) [2020-02-06].新华网,http://news. xinhuanet. com/politics/2011-03/16/c_121193916. htm.

②陈锡文.农村发展"两难"困局如何破解[EB/OL]. (2011-03-25)[2020-02-06].光明日报网,http://epaper. gmw. cn/gmrb/html/2011-03/25/nw. D110000gmrb_20110325_2-01. htm.

（2）对村镇布局的影响。农业资源分布决定了产业和村镇的区位，资源总量决定了产业和村镇的规模。土地、降水、热量等资源空间分布零散、单位密度低和不可移动等特点，决定了在人多地少的浙江省，无论传统农业还是现代农业养育、支撑的村镇都是相对分散的、小规模的，不可能有工业及工业区那样的自由度和集聚规模。

不同的农业产业对村镇的布局有不同的要求。种植业（狭义农业，这里主要指粮食、蔬菜生产等）、养殖业的生产周期短，日常管理量大而频繁，收割抢种时间紧，因此该类型的农业作业半径较小，要求村镇紧邻生产区布置，从而使聚落比较分散。过于集中的村镇布局，不利于种植业、养殖业的生产。

此外，还有两个问题需要注意：①现有农村土地承包关系的长久不变，决定了土地经营权的流转并不以土地承包者离开原地为前提，因此人口与村庄的分布不会有太大变化。②村镇剩余人口或是进城务工经商和定居，或是就地非农化。鉴于我国还处于城镇发展初级阶段，现行户籍制度和社会保障体系不完善，城市就业岗位有限且不稳定等，要让这些人口完全脱离土地、转入城镇，将会是一个很漫长的过程。从这点上看，离土不离乡、就地生活、发展生产的思路，仍具有一定的意义。

2. 第二产业

（1）总体发展趋势。从当前加快转变经济发展方式，加快建设资源节约型、环境友好型社会的国家战略角度分析，未来村镇工业大规模、运动式发展几乎没有可能。首先，金融危机、贸易壁垒、产能过剩、土地要素的约束增强及"民工荒"等问题，使现有工业面临前所未有的挑战。例如，2008年温州市有4万余家小企业倒闭，外迁企业有上千家。其次，工业生产影响因素众多，3～8年已属发展中长期期限，一般都会发生周期性波动。[①] 最后，一些村镇在过去引入了不少污染类工业，频发的社会性事件现已严重地影响了这类产业的续存。由于人们环保意识日益提升，环境监管力度不断加大，污染类工业在村镇的发展受到的制约将不断增大。

（2）对村镇布局的影响。浙江省前30年发展形成了较为分散的村镇工业，在当今重点发展县（市）域中心城市和加快建设中心镇的总体思路、严格限制村级工业布点的有关规定，以及通过财政转移支付补偿、保护特定区域生态环境等政策导向下，中心镇有发展工业的可能和条件，而一般镇（乡）的工业发展机会不多；村庄在能够获得财政补偿的情形下，或许会放弃工业而转向生态环境保育产业。

---

①刘泽渊.发展战略学[M].杭州:浙江教育出版社,1988:11.

3.第三产业

(1)总体发展趋势。大力发展生活性服务业是国家"十二五"规划的战略方针。当前,以中心城市为核心的城乡区域产业结构正由"二三一"格局向"三二一"阶段演进。[1] 因此,未来村镇第三产业必将有一个大发展,尤其是观光旅游、休闲疗养、自然体验、户外运动、生态居住、保健和养老服务业等环境依存型产业。

环境依存型产业是村镇第一产业与第三产业的复合体(如生态休闲、农业观光等),它是城乡产业地域分工的结果,源于自然环境要素或农业的利用;它的发展拥有巨大的需求市场,基础动力是伴随经济发展和城市化而产生的城乡互动。

环境依存型产业将是未来村镇最具活力的增长点。通过发展这类产业,一方面,可以创造大量的就业岗位,吸引外部消费人口,增加农民收入;另一方面,由于该产业实际占用的建设用地较少,可以有效保护农村区域自然环境和农业生产条件,协调城乡之间、产业与环境之间的关系。此外,该产业有利于扩大城乡交流渠道,逐步提升本地人口的文化素质,有利于保持社会的安定。

(2)对村镇布局的影响。环境依存型产业的复合性特点决定其必然随自然风景区或第一产业区而布局。因此,该产业散落于乡村之间,其服务基地(宾馆、养生住宅点等)通常会依托村庄而布局,还会带动形成新的村落。该产业劳动力容量将会超过第一产业,在有这类产业布点的区域,未来人口规模有不减反增的可能。例如,德国有约40%、美国有22%以上、日本有20%以上居民还生活在农村。

在浙南地区的苍南、平阳等地,休闲度假产业(游泳场、农业观光、山溪漂流、农家乐等)已经有了一定的发展规模,其周边村庄都比较富裕,不易被迁并。

(二)产业规划的理念、原则和重点

1.主导理念

因地制宜、扬长避短,优先发展生活性服务业,促进一、二、三产业协同发展,是村镇产业规划应该秉持的主导理念。

2.主要原则

(1)产业发展要与环境资源条件相结合。统筹协调一、二、三产业的发展关系,保护自然环境,保障第一产业与环境依存型产业的发展安全。以牺牲环境为代价的增长是不可持续的,清洁化、无污染应该成为引入工业必须遵循的基本准则。

(2)产业发展要与区域城镇化大背景相结合。从区域经济社会的整体发展、与周边城镇群体的网络联系和城乡之间的互动交流等角度,重点培育村镇

---

①杨治.产业经济学导论[M].北京:中国人民大学出版社,1985:4.

第一产业和环境依存型产业。

（3）产业布局要有利于村镇布点的衔接。产业规划不仅需要明确产业的发展类别、内容和规模，还需要将产业落实到具体的区域空间，并依据各种产业的服务半径要求，对村镇布局提出合理建议。

3. 规划重点

村镇产业规划有三个重点内容：一是农、林、渔、牧、产业基地和农产品初级加工业要在空间上落实到地；二是结合镇区规划进行工业布局；三是第三产业特别是环境依存型产业要落实到地，为村镇布点规划提供科学、可靠的依据。

为做好布局规划，便于与后续规划管理的衔接，首先，应该在村镇规范或标准内明确环境依存型产业用地的建设用地类别。其次，参照国标 GB50137-2011，不将这部分建设用地计入村庄或镇区建设用地平衡，保障对这类产业发展用地需求的供给。最后，优化农产品初级加工用地的分类归属。[①]

三、公共服务规划

（一）公共服务的概念及其意义

公共服务是指由政府提供，以满足公共需要为目的，全体公民公平普遍享有的服务，包括教育、医疗等社会事业和交通、应急防灾等基础设施。基本公共服务是指与经济社会发展水平相适应，政府和社会可以承担的公共服务。[②]

公共服务是村镇经济社会结构体系中的核心要件之一，具有先导性。根据欧美和日本的成功经验，健全的公共服务可以改善村镇定居环境质量，留住人力资源和本地资金，使其逐步建立自我生长机制，促进农村地区可持续发展；可以改善投资软环境，吸引外部人口、产业等要素；可以体现并提升农村城镇化的内涵、质量和水平。

（二）公共服务规划的背景

加强农村基础设施和公共服务建设，建设农民幸福生活的美好家园，是国家的战略重点之一。2009 年浙江省人均生产总值达 4.5 万元，财政总收入超过4100 亿元[③]，由此已积累起一定的建设均等化城乡公共服务体系的物质基础。

经过前些年的配套建设，浙江省村镇公共服务已得到极大的改善，每个村都有卫生服务站，污水处理等设施日渐完善，97.3％的行政村通了公路，近94.6％的

---

① 镇规划标准（GB 50188-2007）将农村初级加工业用地归入工业用地。

② 浙江省发改委课题组.加快浙江基本公共服务均等化研究[J].浙江经济，2008(13)：23-27.

③ 浙江省统计年鉴（2010 年）。

村镇普及了电话等①。但是,关于中小学布点问题,社会各界仍有较多不同的看法。

(1)人文关怀和乡村的社会健康。学校的撤离,致使年幼学生远离父母,远距离或寄宿上学,失去了很多课外活动时间和休息时间,以及与老师、家人的交流机会。这不利于青少年学生心理、生理的健康成长,②同时也使以往生机勃勃的乡村日常社会生活失去了青少年这一最有活力的内在要素。

(2)农村学校既是义务教育、成人继续教育的园地,又是农村社区文化、科普与体育中心,村民从中获得社会身份,并借此产生归属感与责任感。③ 中小学的合理布点,不仅可以解决教学问题,还可以强化与村庄的联系。

(3)学校布局应当结合教育类别、多层次需求,顺应教育体制改革的大趋势。乡村义务教育的重点在于普及基础知识和技能,农村学校的存在十分有必要。例如,日本苗曲县有一个只有两个学生的学校,兵库县有一个只有四十多个学生的学校。④

(三)公共服务规划的理念、原则、内容与标准

1.主导理念

安居方能乐业。依据社会发展的公平原则,把满足人们生活和生产需求作为规划工作的出发点和归宿,是村镇公共服务规划应该把握的核心理念。

2.主要原则

(1)公共服务规划与布局的均等化,应该有利生活、方便生产,必须以合理的村镇布点为前提。主张用撤并乡镇和农村居民点提高集聚规模的方式,换取所谓公共服务均等化的观点是有问题的。

(2)公共服务规划应该统筹效率与公平,促进青少年的健康成长。同时,注重公共服务的多功能复合,满足多样化利用的要求,节约运行成本。

(3)公共服务的内容和标准的设定,必须充分注意地区差异因素,与当地经济社会发展水平相适应,综合考虑政府和社会的承受能力。

---

① 潘海生,等.加快推进农村"就地城市化",走出一条新型的城镇化道路[J].中国城市化,2010(6):12-15.

② 张源源,邬志辉.美国乡村学校布局调整的历程及其对我国的启示[J].外国小学教育,2010(7):35-41.

③ 韩清林.农村中小学布局调整的误区[EB/OL].(2011-09-29)[2020-02-05].凤凰网,http://edu.ifeng.com/gundong/detail_2011_09/29/9566389_0.shtml.

④ 袁桂林.农村中小学布局调整应与新农村建设相结合[EB/OL].(2007-02-14)[2020-02-05].搜狐网,http://learning.sohu.com/20070214/n248247217.shtml.

3.内容与标准

根据我们研究与实践,结合有关研究成果,从社会事业、基础设施两方面,提出如下村镇基本公共服务内容与标准框架性构想(见表1)。

表 1 浙江省镇村基本公共服务内容与标准的框架性构想

类别	名称	内容	设施标准
社会事业	教育事业	学前教育 义务教育 普通教育	◆幼儿园:镇区、中心村、重点基层村 ◆小学:镇区、中心村、重点基层村 ◆初中:镇区 ◆高中:镇区
	医疗事业	公共卫生医疗机构	◆医院、卫生院:镇区 ◆卫生服务站:按行政村或社区设置
	文化事业	文化娱乐设施 体育与健身设施	◆镇级文化中心(含图书馆、小型影剧院、网络中心等) ◆镇级室内体育场馆(至少包括一个室内篮球场、若干个室内羽毛球场和乒乓球场以及健身房) ◆中心村、重点基层村:文化室、健身活动馆(篮球、乒乓球、羽毛球)
基础设施	对外交通	公共交通站场与线路	◆标准化的公交站场 ◆镇与相邻城市(镇)有两个以上联系通道 ◆镇—村公路宽度不小于 4 米
	电力电信	供电与通信	◆每镇至少配备一个 110KV 的变电站,环状供电系统 ◆高速化、多路化、环状化与安全的网络中心 ◆镇级通信局(所) ◆村级通信站点
	供水	生活用水	◆符合卫生标准的城乡集式或分片独立式供水系统
	污水处理	生活污水的处理	◆集中式或分片独立式生活污水处理或转运系统
	垃圾处理	生活垃圾处理	◆城乡生活垃圾处理厂或转运站(点)
	防灾应急	消防、防洪 排涝、防潮	◆消防站场及其配套设备 ◆20 年一遇标准以上的防洪排涝设施 ◆百年一遇标准的海塘工程 ◆4 米以上的镇—村公路

资料来源:作者自制。

四、村镇特色规划

(一)村镇特色的概念与意义

特色的本质在于差异性及其价值。村镇的特色是地域内自然、产业、社会和文化等各个要素构成的综合体,显著区别于城市或其他地方,并有特定的价值。

对村镇特色的认知和把握取决于所选的比较指标和空间尺度。每个村镇都有其自身鲜明的特色。南方与北方、平原与丘陵、山区等的村庄,在规模、产业与生活习惯等方面有着很大的差异。一般而言,同一县(市)域范围内村镇之间的差异不会太大,但是在文化、历史、产业等方面,不同地域的村镇之间总会有所差异。

村镇特色是一种经济资源。差别造就特色,特色构成发展机遇,并成为可以利用的优质资源。如黄山、绍兴与韶山等无一不是基于特色资源的利用而闻名于世的。

村镇有根,有物象,有丰富的内涵;它繁殖记忆与情感,承载着人生活动和岁月内容。[①] 因此,村镇应该被理解为孕育一代代具有地方人文精神特点的原居民的摇篮。

(二)村镇特色要素的分类

宏观层面上的乡村特色,由城乡差异、大尺度范围的地域分异规律等所决定,不会随现代化和城市化而有所改变、消失。微观层面上的乡村特色,受自然、经济、社会、时代与文化等因素的影响,并随之变化,故可结合当地的实际,加以有目的的塑造,形成既有别于其他又具有一定利用价值的特色资源。如温州市的雁荡山、安吉县的美丽竹乡、象山县的石浦和桐乡市的乌镇等。完全相同或相似的村镇是不多的,绝大多数村镇或多或少有其自身的独特之处。

(三)村镇特色规划的理念、原则和重点

1.主导理念

从建设培养充满活力、富有地方人文精神特点的生活家园这个主体目标出发,保护和营造乡村产业区,塑造地域特色,构建可供人们减缓紧张工作压力和分享不同文化的实体环境,是村镇特色规划的主导理念。抛弃这一理念,既有的村镇特色,或自身异化变质,或被外界同质化,从而失去真正的意义与价值。

---

①王开岭.古典之殇——纪念原配的世界[M].太原:书海出版社:2010.

2.主要原则

(1)尊重历史、因地制宜、突出重点。村镇是历史发展的结果,也是面向未来的起点,其存在有其内在的客观规律和相对的合理性。村镇地域相对较小,资源相对有限,需要从广域角度来综合分析,发掘出具有特点和价值的优势资源。

(2)注重经济、社会与环境效益的统一。仅有社会效益,缺少经济效益和环境效益的村镇特色是较难生存的;而一味追求经济效益,忽视社会效益和环境效益,则难以持久。

(3)注重不同特色的复合,谋求新的特色。把乡村自然性、空间性、情趣性等特点与城市的文化性、现代性、娱乐性等特点分别进行组合,创造出内涵多样化的村镇新特色。

3.规划重点

(1)保护好农村景观资源,把自然性、生态性与功能性有机结合起来,搞好亲水空间的建设和山体植被的生态保护,保持原有风貌。[①] 近年来,日本采用更为生态化的施工技术,改造过去的农业用水渠、蓄水池等,努力恢复当地生物的栖息环境,同时保持原水利功能,值得借鉴。

(2)把自然环境、产业发展与村落有机地融合起来,形成乡村特色的总基调;把井—石—树、村民—儿童—学校、农业—产业—文化与建筑—地段—街区关联起来,充实现实生活的意义和价值,构造内涵丰富、形式多样,可以用来生活和体验的场所;保护好有价值的历史遗存,如英国国家托管委员会保留了一些磨坊、自然保护区,以及一些保持了 16 世纪原貌的小村庄,每年使数百万游客领略到英国的历史和文化传统。

(3)专业化、规模化与多样化相结合,经济性与观赏性相结合,规划并建立粮食、经济作物(油菜、水果等)、花卉等产业基地以及环境依存型产业基地(如余杭梅花基地与梅花节、上虞葡萄基地与采摘游等),塑造不同村镇的基本特色。

五、结　语

当前,管理部门、社会和公众越来越重视产业规划、公共服务配置以及村镇特色环境规划,要求也越来越高。本文所做的初步研究,为进一步深化村镇规划的编制和完善村镇体系规划提供了参考,对村镇规划方法和方法论研究有一定的参考意义。

---

①谷康,李淑娟,王志楠,等.基于生态学、社会学和美学的新农村景观规划[J].规划师,2010(6):45-49.

新型城镇化背景下规划管理转型与创新的若干思考

【摘要】 本文从实现统筹发展、集约发展、和谐发展及可持续发展的新型城镇化目标角度,分析了以往规划研究在管理内容与职责、理念与手法、规划权益、程序的公正公平、效果评价及监管体系建设等方面存在的问题,并提出了改进和完善的有关对策与建议。

一、引 言

我国城镇化的发展已经进入了从单纯的人口转移(农村向城市迁移)到迁移与结构转型升级并存的新阶段。在这一阶段,全国各地纷纷出台相关政策文件,旨在倡导城乡一体统筹发展、集约发展、和谐发展及可持续发展的新型城市化发展目标。

要推进新型城镇化,更好地落实党的十八大提出的经济、政治、文化、社会与生态文明"五位一体"的中国特色社会主义建设目标,需要认真总结我国城市化发展过程中的问题和经验,对规划管理的内容与职责、规划设计的理论与手法、规划权益、程序的公正公平、效果评价及监管的体系建设等,进行更深入的思考,对具体的推进策略与方法,做些相应的改革和创新。

二、突出规划管理的重点,提升新型城镇化推进的统筹协调能力

城乡规划与各个部门规划是互为前提、相互制约、有机整合及分头实施的关系。目前,由职能部门牵头的各类规划名目繁多,层次关系较为复杂,又在规划目标时序上不尽一致,这对规划协调性和执行有效性提出了更高的要求。因此,需要系统地梳理各类规划之间的关系,特别是要从规划目标、规划内容和实施时序等方面对各部门职责之间的关系做一个系统全面的梳理,这样才能更好地发挥城乡规划的综合协调作用。比如,从城市、城镇的分工定位与建设规模的确定、城市的发展方向与用地布局、各类建设空间的协调三个方面来看,都存

本文原载于《规划师》2013 年第 12 期,作者为李伟国、韩波。

在与部门的职责、管理目标之间进行协调的必要。

(一)合理确定城镇性质

城镇性质是指导城镇发展、土地利用和公共服务布局等其他各要素综合协调发展的重要纲领,关系到城镇社会、经济、文化及生态发展的整体性问题。因此,在空间层面的整合上,这个定性需要加强对高层次区域城镇体系规划的研究与论证,应从县市级空间、省级次区域(如浙北、浙南等)、省级区域乃至国家级次区域(如上海经济区等)或国家级层面来进行总体考量,统筹安排,以谋求各个城镇定位的个体合理性和整体协调性。在协调的内容上,需要注重区域之间的统筹和城乡之间的协同,特别是要保持文化传承与当地"三生"——自然生态环境、生产布局及区域人口生活安排之间的有机联系,[①]需要注重城镇发展目标与各个部门目标、管理方式之间的协调与衔接,谋求城镇定位目标、职能等在部门间的合理分解与落实,提高规划的可行性和可靠性。否则,很容易导致城镇规划与其他社会经济发展规划脱节,影响规划的执行效果。

(二)注重城乡建设空间的近远期结合

现行城乡规划是依据国家宏观政策背景、区域经济社会发展规划,结合有关研究与判断及本地实际,按照有关的规划编制办法,勾画 20 年乃至 30 年的城乡空间布局框架。这种规划形态的合理性建立在特定的假设条件上,带有理想化的色彩。一旦外部情形有变,既定的空间规划形态的整体性和合理性难免遭受冲击,问题将随之而来。与当前城乡规划目标年限比较久远、空间框架拉得比较大不同,许多部门(如经济和社会管理部门、土地管理部门)并无 20 年、30 年的发展规划。如此,城乡规划在编制过程中比较难与部门规划相衔接;在实施过程中所面临的变数其实会很多,变量也可能很大。因此,除了深化与各有关部门在 2020 年这个时间节点上的协调以外,还更应注重考量远期可能发生的变化对城乡发展空间整体性、合理性等问题造成的影响,并有所应对。

(三)注重各类建设空间的协调

城乡规划建设空间协调的主要任务之一就是预留各种通道,提前做好空间控制,以避免浪费。建设空间的事先协调具有很大的不确定性,这既有目标年方面的时间跨度问题,又有技术进步的因素。比如,动车到高铁的技术变革、高压送电线路到超高压送电线路的变革等,会使规划到实施期间存在许多变数;

---

①韩波,顾贤荣,李小梨.浙江村镇体系规划中产业、公共服务与特色研究[J].规划师,2012(5):10-14.

时间、技术和路线要求一旦变化就需要及时调整规划,有时这种调整将是颠覆性的。如新加坡规划法关于总体规划的编制和报批程序规定,可在任何时候进行必要的调整和修改;但在重新编制和修改调整的总体规划被采纳之前,必须进行公示;并且针对反对意见举行公众听证会。① 目前我国的规划制度在规划调整方面的灵活性不够,而且规划的协调牵涉技术、经济、社会及民生等多个部门,极其复杂,不是某一个职能部门就能拍板的——不像下位服从上位、专项服从综合以及个体服从集体那样,简单且容易。因此,应该有一个规范的操作程序和协调规则,来进一步理顺体制、机制上的关系。

三、突出集约、高效,提升城镇产业容量和环境质量

集约意味着规模、集聚和效率,城市、城镇需要集约,规模越大的城市越需要集约。集约与环境的关系是双刃剑,集约意味着局部环境的衰退,但正因为有了局部的集约,才能避免更大范围内土地等自然资源的浪费,减少树木砍伐的数量,降低建筑物的覆盖程度,减少地区的空气和水污染,避免人类生活空间的发展对自然环境及生物造成更大影响。② 我国土地资源紧张的现实,要求从城乡统筹发展等更大的视野,来看待和把握集约与环境友好的关系,大力推进城镇集约高效发展。当前,以下两个方面的问题应该引起重视。

(一)功能分区的问题

功能分区的规划手法是在应对产业革命后期,因城市建设的无计划性,大工业、铁路枢纽等的出现,城市中的工厂、住宅、商场及仓库等混杂相处,造成生活、生产和交通不便,城市环境恶化等问题,而产生、发展起来的。

1933 年的《雅典宪章》提出城市应按居住、工作及游憩进行分区,平衡布置,建立把三者联系起来的交通网,以保证居住、工作、游憩及交通四大活动的正常进行。第二次世界大战后许多国家的城市规划,包括我国现行的城乡规划都是依此而进行的。功能分区手法的运用,对确保我国城乡的有序发展、提升环境品质发挥了一定的作用。

城市在不断发展,当城市发展到一定规模时,这种分区手法就不一定适用,或者说其局限性越来越明显。理由是:(1)城市、城镇规模扩大后,功能关系将趋于复杂化,很难仅用四大功能区就能解释清楚。(2)污染防治技术的发展,已使城市建设混合用途功能区成为可能,而且混合用途功能区在缓解交通压力、节约能源方面有较大优势。(3)在城市化进入人口内部转移与产业结构转型升

①唐子来.新加坡的城市规划体系[J].城市规划,2000(1):42-45.
②J.M.利维.现代城市规划[M].孙景秋,等译.5 版.北京:中国人民大学出版社,2003.

级阶段时,其动力来自市场,来自大量寓居在城中的中小型、小微型企业。转移与转型也是一个逐步发展、相互影响的过程,过分纯化的土地用途反而成为转型升级的制约因素,因此需要允许及时调整的制度。(4)新建的产业集聚区的规划要尽可能理清其与原有城市的生活设施、交通设施的关系,避免给原有城市的交通、环境等带来更大压力。

简·雅各布斯指出:"多样性是城市的天性。"[①]功能纯化的地区如中心商业区、市郊住宅区和文化密集区,实际上都是机能不良的地区。从实践上看,日本已经从按照区域用途进行建设的方式,转向把多种设施功能复合起来建设的方式。[②]

环境意识的增强、污染处理技术的提高、信息产业的发展以及交通条件的改善等,使得每一个地块开发的影响因素更趋复杂,传统的以用地纯化理念为主要依据判断、确定用地性质、地块大小及其分布的规划理念和手法,已经到了需要总结、反思和创新的时候。

(二)开发强度的问题

集聚需要强度,这种强度随城市、城镇规模的不断发展而不断增强,这是城市发展的客观规律。

关于开发强度、限度的有关指标,当然应该根据城市建设目标而设定。开发强度指标如何因市而设,需要每个城市进行认真研究。目前,控制性详细规划存在开发强度指标不合理、成果变更频繁等众多难解的现实问题,使其科学性和合理性饱受质疑。较之于日本、新加坡的城市土地利用率,我国城市、城镇的土地利用率是比较低下的。[③] 因此,要研究、制定一些鼓励和引导政策,在保护环境的前提下,允许依据一定的程序,对已设定的开发强度指标及时进行科学合理的修改和完善,以顺应城镇经济发展的客观规律。

在新型城镇化的发展背景下,产业不都是因"规模与集聚"才会产生效益的。在保护环境的前提下,为及时满足产业转型、结构调整而导致的在建成区中"退二进三""沿街建店"以及配套设施建设等用地需求,需要从规划到实施等方面,加强操作性政策的支持,以及时调整与现有城乡建设空间布局的矛盾。

规划不应该只是用地标准的简单套用,而应该从统筹、集约、和谐及资源等方面出发,探究特点,分析人口与居住、居住与工业布局等方面的相互关系,研究规划与管理等政策措施,以提升规划的科学性、合理性、特色化和可操作性,丰富和完善适应集约高效、产业转型和环境改善的设计理念与手法。

---

① 简·雅各布斯.美国大城市的死与生[M].金衡山,译.南京:译林出版社,2006.
② [日]谷口汎邦.城市再开发[M].马俊,译.北京:中国建筑工业出版社,2003.
③ 韩波,夏振雷,李小梨.控制性详细规划理论、方法和规则框架[J].规划师,2010(10):22-27.

四、注重规划的权益和公正公平公开,促进和谐发展

城镇化过程不仅是一个经济发展过程,而且也是法治与公民社会发展过程。在规划过程中,每一个区、每一根线的划定,都会使一部分人失去原有的权益,使另一部分人获得原来未拥有的权益。规划的公共政策属性由此而生,涉及规划权益的公正公平。比如,道路的扩建需要拆除一些建筑,使一部分人的权益受到损害;与此同时,另一部分原来非沿街的建筑成为沿街建筑,无形之中增加了另一部分人的资产价值,城市全体居民也因此获益。

目前在我国城市建设的过程中,投诉甚至群体性事件层出不穷。其中一个重要的原因就是在规划的制度建设、规划编制和实施时,对权益变更的关注与研究不够。权益问题涉及建设的优先权和先有权的关系。从时间上看,已建建筑在前,新建道路在后,只要不是违章建筑,已建建筑就应该受到法律保护。依法规划是落实公正、公平的途径;但对于优先权与先有权到底哪个更重要的问题,要根据不同情况分别对待。

首先,应确保宪法赋予公民的合法权益,尽可能尊重居民建筑的先有权,后来规划不应该对此进行过多的调整与变更。其次,因时代的发展和人们认识的变化,许多事情是不可以预料的。确因城镇发展需要变更时,要尽可能提高规划的科学性与合理性。是不是非建不可?是不是一定要在规定时间内建成?道路为什么必须是直的?规划确定的道路宽度是否科学?这些问题都需要认真考量,并通过合理的程序进行确定,如召开论证会、听证会,进行阳光公示等。最后,确因建设需要而对原规划进行变更、体现重大工程项目优先建设权时,为达成不同利益群体的观点统一,要有一个公正、公平、公开的运行程序和客观的评价标准,合理补偿被拆迁居民的建筑物和其他方面的损失,以协调因建设前后两者的利益分配再平衡。

我国香港重建湾仔利东街的案例反映了这种矛盾及其解决办法。在利东街,逾半街坊居民年龄超过 50 岁,居住至少 30 年;邻舍相识,守望相助;区内就像社区中心,街坊缺钱时可以赊账,家长上班时会帮忙看顾小孩……为维护这样一种社区生活状态,街坊住户在面对 2003 年的重建时,对"老社区与市区更新不能并存""拆旧建新"的重建思维提出了不同看法;要求市建局恪守"以人为本"的重建目标,尊重老社区生意、生活模式对居民的意义与价值,让街坊能够选择原区安置。①

推进和谐发展,需要在提升规划编制水平的同时,建立一个公正、公平、公

---

①邝健铭.管治之难——兼论香港的困局[EB/OL].(2019-06-17)[2020-02-05].腾讯网,http://www.zhgpl.com/crn-webapp/mag/docDetail.jsp? coluid=0&docid=102367626.

开的规划与实施程序,注重规划过程中对权益的考量。这本身也是规划的目的之一。

五、建立规划评价与监管体系,节约资源,提升品质

这些年,因所谓"城市建设需要",被整体拆除的城市居住区、建筑物不在少数;有些甚至刚刚开始使用不久,或还没有开始使用就被规划调整了。拆除大量建(构)筑物,既牵涉和谐问题,又涉及资源节约、特色塑造及品质提升等问题。可以说,大量的"拆旧建新"是我国城镇化进程中的一大笔浪费。

历史建筑的形成、城市特色的培育有两个必要条件:一是时间的积累与洗礼;二是人文精神的沉淀。各个时代的建筑都有其特定的内在价值和实用价值。城市文化和历史的特色及其延续、品质的提升,有赖于城市所保存的一街一房、一砖一瓦,而不是仅仅靠新城建设就能做到的。

欧美国家的城市规划设计理念已实现从以建设为中心到修复为核心的转变,而我国许多规划仍偏好于设计、建设一座新城。这当然与我国还处于一个快速城市化发展阶段有关——规划一个新城,既节省时间又节省精力,这无疑对决策者和规划师有一定的影响。

虽然我国也有一些规划诸如旧城保护规划、古建筑保护规划及街道景观设计等好的规划和设计作品,在提升城市品质方面发挥了积极作用,但总体上讲,千城一面、特色消失的局面仍令人担忧。从这些方面看,城市建设要有好的作品,就必须有一个有效的规划效果评价与监管体系来配套。

(1)城乡规划要对规范范围内的所有建筑,尤其是有被拆建意向的建筑进行全面的评估。具体包括被拆建建筑的比例、数量、质量、历史文化价值、保存意义和方法,以及利用价值、方式等。从规划(设计)的源头上,把好节约资源、提升品质这一关。

(2)建立预拆除建筑物的监管制度。①加强对预拆除建筑的规划论证和拆建监管,做到公正公平、程序合法。②研究、制定建筑保留奖励、建筑拆除补偿等政策。③加强对拆除过程的监管,回收并利用好原有有价值建筑的每一块砖、每一垛墙,让其发挥起延续城市历史和文化的作用,真正实现城市的可持续发展。

六、结 语

新型城镇化发展所面临的问题是全新的、多方面的,只有从体制和制度上进行不断的改革与创新,才有可能解决一些复杂的深层次问题。当然,期望一个非常完善的、把所有问题都包含在内的终极解决方案,是不现实的,因为方案本身也在动态变化与不断完善中。笔者认为,要注重全面性与重点性

并举；既需要有顶层设计方案，又要允许在实践过程中有逐步探索、深入的空间。与此同时，可采用专项试点、城镇试点等不同改革类型和方式，在有条件的城市、城镇进行规划改革试点，把改革推向深层，确保新型城镇化建设目标的早日实现。

城市规划的若干理论问题

【摘要】 随着我国改革的逐步深化,当前城市规划工作有了良好的发展条件,但也面临着新的严峻挑战。本文从性质和对象、规划依据、规划类型等三个方面,阐述了完善与深化城市规划理论体系的若干见解。

随着体制改革的不断深化,经济持续快速增长和工业化过程的加速,区域城市化速度加快;城市发展的区域化倾向在一些经济发达地区和地带日趋明显;人们经济收入和生活水平的提高,引起了价值观的巨大转变以及需求的日益多样化,从而导致城市和城市区域空间结构随之发生重大变化。尽管在城市总体规划过程中,已针对这些情况,加强了区域城镇体系规划和分区规划上下两个层次的研究工作,但仍无法适应城市建设和发展的客观要求,特别是近几年,在各地开发区建设大潮的冲击下,城市规划难以适应。一些城市在短短的4~5年时间里,总体规划不断调整、修编,对整个城市的合理建设和发展造成了许多不利影响。问题的症结,除一定程度上的决策等客观因素变化的影响外,现行的城市规划无论是理论还是方法都还有待完善、深化和发展。因此,重新认识并探讨包括城市规划的性质、城市规划的依据以及城市规划的类型等在内的理论问题,不但对城市规划学科的建设具有重要的理论意义,而且对科学、合理地指导城市建设的有序发展,具有重大的实践意义。

一、城市规划的性质和对象

(一)城市规划的性质

20 世纪 80 年代初,美国波士顿大学华昌宜教授在介绍美国城市规划专业范围变迁时,用"迅速膨胀"一词表述了学科内容的巨大变化。城市问题的综合性、复杂性和城市问题研究的多学科倾向,既为城市规划吸收有关学科的理论概念,丰富更新自身的理论和实践提供了机遇和条件,同时也对城市规划学科的生存提出了挑战。

本文原载于《城市规划汇刊》1995 年第 5 期,作者为韩波。

什么是城市规划？从"国民经济计划的具体化""城市各项建设发展的综合性规划""一定时间内对城市各项建设的总体部署"，到"未来社会的宏伟蓝图""解决重大社会问题的过程"等，众说纷纭。目前我国把城市规划理解为："根据一定时期城市经济和社会发展目标，确定城市性质、规模和发展方向，合理利用城市土地，协调城市空间功能及进行各项建设的综合部署和全面安排"。

结合我国城市规划的工作实际，除了具有综合性、地域性、实践性等特点以外，城市规划还具有以下三个特点。

第一，城市规划是一种政府行为，政府本着效率、公平和安全原则，主持城市规划的编制工作。城市规划一经批准，即具有法律效力。城市规划的基本作用概括起来有两个：一个是诱导作用，另一个是控制作用。所谓诱导作用，是指政府通过城市规划定向引导城市的发展方向，有意识地培育某些城市机能，并通过调节城市未来发展中各空间单元之间的区位关系，以诱导城市空间的有序发展。所谓控制作用，是指政府根据城市规划，对城市各项建设活动和土地利用进行协调和管理，并对特定空间单元的特殊建设项目进行必要的控制和约束，从而达到促进城市经济、社会、环境三个效益统一之目的。

第二，城市规划属空间规划类型，它以物质环境空间的合理开发与建设布局为主要研究对象。在规划过程中，城市规划需要吸收当今各相关学科的理论与研究方法，对城市发展的政治、经济、社会、科技、文化等背景，进行全面、综合的分析和研究，但更为重要的是，这些研究成果最终都必须落实到具体的地域空间，并使各项活动互相协调。这是城市规划学科区别于其他城市研究学科的特殊之处，也是城市规划学科生存与发展的立足点。

第三，城市规划具有目标导向性。它是通过调查研究，探索和研究未来目标，并将规划目标转换成一组相关的概念和指标，落实到地域空间的过程。规划目标能否科学、合理地建立，直接影响到城市空间发展框架的建立，关系到城市规划能否真正起到对城市建设的诱导和控制作用。

(二)城市规划的研究对象

城市规划是以城市物质环境空间的合理开发与建设布局为研究对象的一门学科。城市物质环境是由自然环境、生产环境和生活环境组合而成的综合环境，其有两个基本特点。

第一，刚性和不可改变性。城市是区域经济、社会、文化活动最集中的高密度、高效率集聚空间。随着经济增长和工业化的推进，城市建设项目的规模日益扩大，由原先的零星布局、单独建设演变为成片成区的开发建设。如果规划导向失误，不合理布局所引起的建设性破坏和阻碍，会对城市的未来发展产生严重影响，而且要改变和克服这种状况将是非常困难和痛苦的。

第二,城市空间发展的跳跃式与超常规特点。一般认为,区域与城市是点和面的关系,城市发展有赖于区域经济的发展水平与基础。从实践情况看,城市空间发展固然与经济发展水平有关,但并非完全取决于既有的经济实力。首先,由于经济运行机制的改革,资本、人口、产业的空间流动性大大增加,这为各个城市充分利用内外两种资源提供了有利的条件;其次,随着经济收入的增多和生活水平的提高,人们的生活观、价值观都在变化,需求日趋多样化;最后,国外发达国家空间发展水平的"示范"作用,使得近几年来我国城市空间无论在速度上还是在形式和内容上都出现了超常规、跳跃式发展的局面。许多地区和市县在短短的 2～3 年时间内,城市空间结构形态已发生了巨大的变化,一大批具有时代气息,并能面向 21 世纪发展的工业区、市场贸易区、高新技术产业开发区、度假村、新型生活居住空间等迅速崛起,并已形成规模效益。其中,既有经济比较发达的地区,也有经济基础现状相对薄弱的地区。按照传统观念或理论,这些新发展是难以解释的。如果对空间发展的跳跃式、超常规特点及其在实践中的新现实没有正确的认识,那么,要提供一个能切实指导城市发展的城市规划将是困难的。

二、城市规划的依据

依据是规划选择行动路线的前提。依据问题是城市规划中一个尚未完全解决的理论问题。规划依据的充足与否,直接影响到规划研究的质量,也影响着规划对城市建设实践活动的诱导作用和控制作用的发挥程度。规划依据可以分为四大类,即指令性依据、预测性依据、类比性依据和限定性依据。这四类依据在城市规划过程中各有其特定的作用,为不同层次和时段的城市规划服务。

(一)指令性依据

在过去的计划经济体制下,指令性依据(包括指导性)主要是指区域国民经济发展中长期计划,它是城市规划编制的前提条件。根据国民经济计划做出城市规划方案,再把实施城市规划方案的建设项目按时序和类别进行排队,返回到国民经济计划中进行综合平衡,最后通过计划环节加以具体的组织实施,是过去城市规划和其实施的基本模式。依据国民经济计划所编制的城市规划,一般属于建设布局规划性质。随着我国社会主义市场经济体制的逐步建立,指令性国民经济计划的比重已大大减少,但仍将在一定程度上存在并起作用。

现在所谓指令性依据,主要是指政府及有关职能部门关于城市规划、建设及其管理方面的法规和规范。如《国家城市规划法》《土地管理法》《水法》《环境保护法》等法规,以及《城市规划编制办法》《城市用地分类与规划建设用地标准》和城市防洪、消防、防灾等技术性规范。这些法规和规范在城市规划中都必须加以遵循和体现。

(二)预测性依据

一般来说,一个城市是以现状条件和发展水平为基础面向未来发展的。从某种意义上讲,未来发展是历史的延伸和修正,在较严格的条件下,其未来发展有一定的客观规律可循。通过对区域自然条件和资源及经济发展的分析、城市历史发展过程的回顾和未来技术发展方向的分析,可以找出一定时期内城市发展的总体态势,从而建立规划的预测性依据。

预测性依据的建立及应用需要具备比较严格的条件,这是因为预测本身是建立在对以往发展过程的经验总结基础之上,并根据对未来发展态势的总体判断,相应地选择一定的控制参数而进行的。首先,它假定未来发展若能按设定的发展方向和参数要求进行,则可达到所预测的那种期望状态;如果未来发展的方向或参数发生变化,则无法达到所预测的期望状态。其次,预测性依据置信度的高低取决于预测对象的复杂程度和预测期限的长短。预测对象的组织结构越复杂,预测的置信度就越低,反之则越高;预测时限越长,预测的置信度就越低,反之则越高。

城市是经济、社会、文化、环境等要素构成的巨型复杂系统,其所包含的因素已达到 $10^7 \sim 10^8$ 数量级之多。对于这样一个复杂的组织体,想通过分析和预测,建立城市规划的长期性依据,实际上是非常困难的。尤其是对于那些正处于经济扩张和起飞时期的城市来说,城市的空间结构正经历着急剧的演变和重组过程,这种过程一般很难靠预测来把握。然而,对于那些已进入后工业化社会,空间发展过程相对平稳的城市区域来说,在规划期限较短的条件下,预测性依据对城市规划还是具有比较重要的意义的。

(三)类比性依据

类比性依据是根据对区域空间演变与发展的客观规律的认识,结合城市和区域建设管理的实际需要而形成的一种规划依据。它把发达国家区域和城市的空间发展现状水平及模式作为规划的直接依据,来展开城市和区域规划目标研究和空间战略布局。类比性依据导向的规划具有目标明确、起点高、战略性和针对性强、远近期发展容易衔接等特点。

通过横向类比来研究规划依据和规划目标,从而建立空间发展战略与布局,主要是基于对以下三个方面的认识和考虑:(1)计划型依据的减少和预测性依据的不稳定性及短暂性。首先,随着经济体制的改革,完全依据计划难以编制空间发展规划。其次,由于我国经济发展水平还较低,常规预测的目标状态与发达国家相比存在很大的差距,按这种预测所建立的目标及规划方案基本上是一种中间状态或阶段性的,往往缺乏战略性,其结果只会导致城市经济发展和空间建设与发达国家形成等距离追赶的局面。另外,由于缺乏对远景发展的研究,城市规划和建设很难在时序上加以整合。因此,要实现赶超发达国家的战略目标,就必须提高规划的起点和建设标准。(2)空间发展的刚性和趋同性。空间资源一经建设项目的利用,其具有难改变或不可改变的特点,因此空间发展规划必须有高度的战略性和目标导向性。所谓趋同性是指虽然各国的政治、经济体制和文化背景千差万别,但其空间发展的总体趋势是一致的。(3)对规划中时间意义的理解。规划不同于计划,计划是时间的函数,有严格的时间要求,而规划是决策、经济发展水平、机遇等的函数。规划既可受时间的限制,也可以不受时间约束。规划方案实现时间的早与迟,取决于经济发展实力和对决策机遇的把握。一个科学合理的规划即使在一定时间内没有完全实现,但它对空间发展的诱导和控制作用依然存在。

迄今为止,国内已有若干个以类比性依据为导向的规划研究实例。1982年浙江省宁波地区国土规划时,我们曾仔细比较和研究了上海经济圈与日本东京圈在人口、土地、基础生产力容量等方面的发展状况,从中找出差距,寻找规划依据和规划目标,然后建立空间规划的总体框架。1994年的绍兴县域总体规划,在广泛研究和吸收发达国家空间发展经验的基础上,对21世纪县域空间发展做出了总体布局框架,一次规划,以远为主,远近结合。其他如上海复旦大学发展研究院课题组提出的把上海建设成为国际经济、金融、贸易中心,珠江三角洲赶超亚洲"四小龙"的发展战略等,都是运用类比性依据的规划研究实例。

(四)限定性依据

限定性依据也可称为制约性依据。城市和区域开发都会受到一系列外部边界因素的控制和内部条件的制约。P.萨伦巴教授把城市发展的限定性因素归纳为三大类:第一类是自然地理因素,主要有土地、水、气候、能源等;第二类是技术设施因素,包括城市供水、供电、排水、交通等;第三类是城市结构方面的限定因素,主要来自城市内部结构及土地利用现状。这些限定性因素在一定的生产力水平下都具有"边界"限制作用,有它的空间适度容量和边际容量。这种适度容量和边际容量就是规划依据,规划方案所确定的目标不能超过制约性因素的边际容量。

上述各种规划依据各有特点,也有一定的互相联系——指令性依据本身是基于经验总结和某种预测而建立起来的;类比性依据具有目标导向性质,立足于对空间特点和空间发展客观规律的认识及理解;限定性因素是任何一个城市或区域发展中都存在的。

三、城市规划的类型

按规划层次、规划依据、规划内容以及规划作用的不同,城市规划的类型大致可以分为四类,即战略规划、总体规划、建设规划和详细规划。这四类规划互相联系,构成完整的城市规划体系,上一层次的规划研究为下一层次的规划研究提供依据并构成约束条件,下一层次的规划则是上一层次规划的继续和补充完善。

(一)战略规划

城市战略规划是对城市发展的长期战略目标及空间框架所做的一系列研究,具有目标导向明确和时间跨度大的特点。例如,日本大阪市制定的以建设未来城市为方向的城市规划,由"构想篇"和"规划篇"两部分组成。"构想篇"的任务是表明城市建设各个领域的长期目标,大阪市应有的面貌和实施方向;"规划篇"以 21 世纪中叶为目标,围绕以人为中心、建设国际性城市以及创造具有个性和特色的城市等基本课题,展开时间跨度长达 50 年的多学科综合研究。

战略规划有两个基本特点:首先,战略规划是依据对国家和城市政府的决策意图、当今世界城市发展水平和潜力以及未来科学技术、社会、心理、环境等发展趋势的综合分析与评估,来全方位、多层次研究城市发展战略,重点解决未来发展中带有方向性、战略性的问题,如城市性质和职能等,而不是简单地根据预测性依据来展开研究。其次,在研究过程中,需要分析城市发展所面临的各种限定性因素,特别是水、土地、港口等自然环境条件和资源,从总体上和容量上把握住未来城市发展的各种可能性,并针对这些可能性做出相应的空间发展布局,提出控制性要求。

我国过去的城市规划内容基本上局限于就城市论城市,缺乏通过横向比较研究和区域背景研究来建立城市发展的长期目标,规划依据不够充分,规划质量和水平难以提高。20 世纪 80 年代中期以来,许多学者和规划工作者从城市发展远景和区域城镇体系两方面进行了积极的探索和研究,在一定程度上充实了规划的理论依据。但是从总体上看,问题依然存在,比如城市远景的研究,远到何时? 确定这样一个远景的基本背景是什么? 这样一个远景是否考虑了未来发展的各种可能性? 这个远景在与国内外城市发展的横向比较中处于何种水平? 这几年来,许多城市的规划虽然屡经调整与修编,但城市建设还是突破了原规划框架,造成规划落后于建设要求,不能适应未来发展的局面。这其中一个很重要的原因,就是城市规划缺乏对城市发展战略的研究,缺乏对城市发展容量的研究,缺乏对城市空间发展的各种可能性的研究,导致规划依据不够充分,直接影响到规划的质量和水平。因此,加强战略规划研究,对提高城市规划的质量,充分发挥城市规划对城市建设和发展的指导作用,具有极为重要的理论和实践意义。

(二)总体规划

城市总体规划是一种功能性规划,它是在战略规划所确定的空间布局结构和空间框架的指导下,对一定时期内城市经济和社会发展进行科学预测,并将各种预测目标转换成空间上的量化指标,具体落实到特定的地域空间单元上的过程。

预测是城市总体规划中必不可少的研究手段,预测所得出的期望目标状态是城市总体规划研究的基本前提。总体规划的目标应该符合城市发展战略目标,它是一种阶段性的目标。一般来说,只要基础资料充足并分析透彻,预测研究方法合理,参数选择恰当,并且城市在一定时期内的发展方向、趋势、速度保持一定的稳定性,那么总体规划所确定的总体目标基本上可以在规划期内得以实现。

城市总体规划的内容一般包括区域城镇体系规划,确定规划期内城市性质、发展目标和城市规模,选择城市用地发展方向并组织建设用地布局,城市综合交通体系和各项专业规划,近期建设规划,等等。

(三)建设规划

城市建设规划是一种项目导向的布局规划。它在城市总体规划的指导下,根据建设项目或者城市发展要求,对近期的城市空间发展进行研究和规划布局。其作用,一是指导近期实施的各种建设项目在空间上的落实;二是通过规划的调控手段,调节城市各空间单元的时空区位关系,通过某些特定单元的提前开发与建设,改善相邻单元的区位条件,使其投资环境得到改善,土地资源增值,土地利用趋于合理,为实现城市发展的总体目标和战略目标创造条件。

建设规划的期限一般为 5 年,时间较短,因此具有建设项目比较明确,建设时间比较明确,投资主体和资金来源比较明确等特点,规划基本上都能得到实施。建设规划按依据不同可分为两种:一种是项目布局规划。直接以计划形式下达的建设项目批准文件作为规划依据,把项目落实到具体地块或地点上;另一种是通过预测分析(如人口规模)和限定性因素研究(如城市现状结构特点、基础设施配置状况等)相结合,建立规划依据,从而对近期内虽尚未明确但可能发生的建设项目,做出分类布局规划。

(四)详细规划

详细规划是建设规划的深入和具体化,是介于建设规划与建筑设计之间的一种功能性规划。它为建筑设计提供依据,并直接为城市建设管理服务。详细规划的主要内容是明确规划地段各种建设用地的具体范围,确定平面总体布置方案,建立各地块建筑密度、容积率和高度等控制指标,进行工程管线的综合规划设计和竖向控制规划。

区域规划的理论和实践

【摘要】 本文从比较、综合与历史等角度,研究了形式区、功能区和实体区的基本概念,价值规划、生产力布局规划和空间规划的基本性质,以及规划指标体系、规划作用以及区域政策和地方立法等理论和实践问题。

区域问题是当今世界各国理论界和实践工作者普遍关心和研究的重大课题。不同国家和地区的决策者、科学工作者分别从政治、军事、社会、经济、环境和科技发展等不同侧面对区域问题进行研究,提出解决问题的种种方案。区域资源开发、区域社会经济结构、区域环境、区域社会经济发展不平衡、区域的空间组织、区域发展战略及区域开发模式等,是区域规划工作者研究的基本内容。区域问题有的带有全球性,有的是地方性的,不同研究者也从空间、时间尺度等角度,对区域结构系统进行研究。区域规划是研究区域和解决区域问题的重要手段。

一、区域的基本概念

一定地域空间范围内的自然、社会、经济和科技等要素组合是多层次、多类型的,不同决策者和专业工作者从自身角度对区域的基本概念提出自己的解释,包括区域的性质、实体要素的组织与结构,区域范围和区域发展机制等,并侧重解决自身所关切的现实问题。由于各方对区域规划的对象——"区域"的认识不同,相应的规划内容和方法也有差异。因此,搞清区域基本概念,对解决区域规划的一系列问题都是重要的。归纳起来,国内外区域研究和规划工作者对区域有三种理解,即形式区域、功能区域和物质环境地域或称实体地域。其中功能区域是介于形式区域和实体地域之间的一种类型。

(一)形式区域

形式区域是把区域视为大小不等,形状不一的地表物质空间的一部分。区域大小、范围可按某指标或单位来划定,或用行政单元来界定,也可用某种符号

本文原载于 1988 年 3 月国家科委农村技术开发中心《中德区域规划方法研讨会论文摘要汇编》,作者为宋小棣。

来代替;物质空间在表述上可抽象为数学几何空间和符号或量级数据空间;并以这类区域为范围,对其内部的自然、社会、经济和文化活动按需要进行统计分析,也可用序列化的编码来反映不同区域的物质要素和非物质要素的数量及对比关系。形式区域常为一些行政部门和经济、社会、文化研究者所采用,如区域性的行政规划、人口规划、经济统计规划等。这种区域概念及其划分,很少考虑自然、社会、经济、文化等要素在其具体空间的组织和配置。区域要素的具体空间表现形式,在规划中分成两类。一类是优势条件,加以量化后纳入规划系统的积极因素加以处理;另一类是消极或约束条件,通过数量化或经过参数处理后,形成系统的边界或制约的因素。形式区域的特点是可根据需要由人们的主观意愿来设定区域。

(二)功能区域

功能区域是物质环境区域的一种抽象和简化分类。功能区域由地表环境的实体要素,包括自然、社会、经济和文化等所组成,具有综合性的特征。在分析和区域规划时,功能区域把区域内的实体要素或时间、空间尺度的大小,按照所选用的特定指标来加以划分;从表现形式上看,功能区域有与形式区域类似的地方,但与形式区域的抽象空间或均质空间不同。这种区域类型把区域内物质要素置于特定的环境中来加以研究,反映人们为更好地利用和开发物质环境要素某一部分而施加于区域的各种行为。根据实体物质环境空间的物质要素,选取单一的或一组的指标来进行划分,并按照统一指标的量来界定空间范围,在分析时承认某一指标在空间范围内是由中心向外围递增或衰减,并从中找出界定指标。但当边界一旦划定,则又视该区域是执行某种特定功能的一个区,所以功能区域也是根据客观的自然、社会、经济规律和主观的需要而加以划定的区域。地球表面并不存在这种按单一指标划定的或者说有自身目的的功能区域。这仅仅是为了认识区域本质特征而做的一种方法——通过要素分析可进一步认识区域本质,这是在工业化社会和近代商品经济发展过程中形成的一种对区域的研究和思维方法,并用来作为控制型物质规划的特定区域。在规划中,所划定的区域被用作执行某种特定功能的物质空间,所以又称功能区域。其把区域视作被动的规划对象,试图按某种需要对区内物质要素进行重组,形成分工明确的功能区。我国生产力布局规划、区域发展规划、产业部门规划、国土规划、城市规划等,都在不同程度上把区域理解为功能区。其局限性是往往使规划要求失真,与客观发展过程不符合;过分强调了主观能动性,造成对区域综合环境的破坏。

(三)地域区或实体地域

这是一种区域学派和环境空间规划学派都经常采用的区域认知。地域区又称实体区或物质环境地域,其含义是指地表环境空间的一部分,在一个国家内是国土的一个单元。这里所说的环境是指地球表面的自然环境、生产环境和生活环境组合而成的综合环境,是客观存在的物质实体区域。人们对实体区域的研究,首先是把它看成以人类为主体的综合社会经济和文化空间系统。地域内自然、社会、经济和文化等各种环境物质要素是一个复杂的多层次、多类型的系统。这个系统是一种耗散结构系统,是一种非平衡的自组织系统,区域内的物质自运动过程处于远离平衡态。在区域内无论是自然界还是社会经济进化中,确定一组相互作用着的物质单元或由这一单元确定的一组变化,都不能是人们主观给定的,现实世界不是有序的、稳定的和平衡的,而是在不断变化和演变的过程中。按照普利高津的说法,是"有序"和可以通过一个"自组织"的过程从"无序和混沌中"自发地产生出来。地域系统就是一个远离平衡态的自组织系统。人们对地域一切有生命和无生命的物质运动的认识、控制都是有限的、有条件的。因此,区域规划可以根据空间组织优化原理,以人为中心,协调人与环境之间的关系,对地域自动进化系统进行干预,有目的地诱导人口、产业和文化活动向某方向发展,达到高效而非平衡态的区域空间物质运行系统。人类参与环境的基本认识,不是一味地索取,更不是无情掠夺环境;人类对区域作用和干预应有适当的限度或边界;区域物质环境各部分之间的关系及其运动,不是被动的,可任意摆布的;规划不是静态地阐述一张未来的蓝图,而是参与环境,通过诱导和根据发展目标来控制的一种过程;等等,都是区域规划的重要指导思想。

二、区域规划的性质和类型

区域规划的性质和任务,与对区域基本概念的认识是直接对应的或一致的。掌握着不同专业知识和技能的专业工作者,对区域规划性质、任务、内容、重点问题等的理解都各有侧重。我国进行的区域规划工作,有很多行政部门和不同学科的专业工作者参加,虽都称为区域规划,但实质含义是有区别的。上述三种不同的区域概念理解和认识,反映在区域规划的性质上,便产生了三种不同类型的规划,即价值规划、生产力布局规划和空间规划(环境规划)。

(一)价值规划或经济(发展)规划

以区域经济增长为主要目标的价值规划或经济(发展)规划,首先是以经济发展或增长的总量和部门的增长指标作为定量化目标,经济结构的变化以转化成价值量的总量指标、各个部门指标及其互相之间的比例关系等形式来反映,其中虽然也用经济部门的实物指标做补充,但都与一定的价值量相联系而纳入总体规划。其次,价值规划或经济(发展)规划都以直接的经济效益分析作为评价规划可行性和效率的依据,把间接经济效益包括社会效益和环境效益视为优劣势的约束性因素和条件;其方法是运用系统科学原理,根据要素最优组合和区域经济结构优化条件,建立区域社会经济发展系统模型。也就是说,价值规划把区域内的各种资源、环境条件转化为产业发展所需的各种价值化生产要素(物质性和非物质性要素),纳入区域社会经济发展系统模型,定向调控或优化产业要素的组合关系,建立合理的经济结构和优化的产业配置状态,实现期望的经济效益、社会效益和环境效益。

价值规划的特点:首先,是把资源、环境和物质生产过程中的生产要素和生产条件通过高度概括、抽象的价值量指标来表现。各种产业要素和生产活动都以价值尺度及其量化纳入区域经济结构和经济系统,并用数学模型进行计算或模拟。其方法是先进的,逻辑是严密的。其次,价值规划把间接经济效益或社会、环境目标视为优化系统结构的约束条件,根据实际情况,用定性定量结合方法,通过价值量或权重指标进行量化,纳入系统模型。近年来,我国系统科学研究部门和经济规划工作者所做的大量市级和县级区域规划,都属于这一类型。其优点是对社会经济发展和增长总量及部门的比例关系有一个动态的系统定量模型,并可用计算机进行处理和储存,为宏观控制提供科学依据,并为不同部门和区域性工程规划提供量化指标。这对克服传统的以定性描述为主的规划的缺陷是有好处的。但由于该类型规划把区域看成一种形式区域,对物质环境实体要素在空间组织和具体布局上缺乏表现形式和研究手段,规划的目标和具体物质要素的空间扩展性指标、空间形态等,很难在地域上组织起来,并落实到不同性质的空间坐标上。这引起其规划成果内容和方法的类同化、模式化倾向,缺乏地域个性。

价值规划的实用性与区域发展水平有关。区域社会经济发展水平较高,部门间经济联系密切,经济结构较协调,生产要素配置较合理的地区,其实用性较强。而区域社会经济发展水平较低、以粗放型资源开发为主的地区,经济结构松散、部门之间联系缺乏合力,一个新的项目建设或一种资源开发,甚至某项资源开发规模扩大,都可极大地直接影响到区域经济结构和部门之间的比例关系。这就很难找到符合建立系统模型的稳定因素,随着时间推移,规划的内部结构和外部条件变化过大,这类规划的实用性就会下降。

价值规划的另一种类型是以区域经济学为理论依据所进行的区域经济发展规划,研究区域社会经济和生产力地区分布,具体内容包括规划期内的经济发展目标、增长指标、发展水平、发展速度和部门间的比例关系;经济发展条件包括人、财、物等综合平衡;产业、人口等空间配置的方向性安排。实际上,这是一种统计规划,包括我国的行政部门和计划部门所做的地方性规划(包括计划)。

（二）生产力布局规划

生产力布局规划是以经济发展为中心，以"产业组织空间"的形式，自上而下进行的控制型规划。生产力布局规划是经济地理学理论在规划中的应用，规划的对象区域应理解为功能地域或地域类型区。规划性质属社会经济发展和空间布局规划，一般也可分为两种类型：一种是自上而下，根据"五年规划"或国民经济发展长期计划所制定的目标、规划内容，在空间上具体进行落实。即以"五年规划"或国民经济发展长期计划所提出的新建、扩建、改建项目任务，结合地区性配套项目、基础设施和城镇建设项目，在地域空间上落实。这类规划受国民经济计划的直接制约，属于国民经济计划的继续和具体化的建设布局规划。另一种是 20 世纪 60 年代后发展起来的自上而下、上下结合的资源导向型规划，或称资源本位规划，以一定地域范围内的资源和社会经济发展现状特点为基础，根据区域发展方向，通过资源综合评价，社会经济发展基础和特点分析，找出区域发展优势，提出资源开发、产业布局规划，并以优势产业部门为主导，实现区域综合发展。第一种规划类型一般是在重点建设地区围绕主要建设项目进行；通过调查确定规划区的范围，并对区内工业、交通、城镇和基础设施进行统一布局，在技术经济层级上使各项建设互相衔接，协作配套，形成生产综合体；规划的空间范围一般在 0.5 万～1.0 万平方千米。我国早期的区域规划都属该类型。第二种规划类型是根据一定时期社会经济发展需要和建设总方针，从区域资源评价开始，在总结指令性计划基础上发展起来的综合性规划。我国理论界和业务部门对区域规划性质、任务的认识差异，往往就在对生产力布局规划这种不同类型规划的认识上表现出来。

具体反映在有关规划依据和作用上，区域规划是以国民经济计划为依据，是经济计划的继续和具体化，还是区域规划为国民经济计划和其他专业规划、城市规划等提供依据？20 世纪 60 年代以来两种类型的生产力布局规划都在做，两者互相补充、互相靠拢，区域规划在逐步向国土规划发展的过程中，越来越演变为区域自然、社会、经济和科技的综合发展规划，更具有战略性、综合性和地域性，其性质和作用具有为经济计划提供前期论证的特点。

生产力布局规划的特点是"产业组织空间"，所以不管理论上如何解释，其所规划的对象区域都具有功能区的性质——以生产力布局为主体，通过工业、农业、交通、城镇等生产要素和人口的集聚，使区域空间形成集聚区，区域空间在产业要素组织过程中形成各种功能，包括工矿业区、农业区、城市区、风景旅游区等。首先，区域规划的工作重点是即将形成新功能的区域；其次，区域规划的依据比较具体，其中自上而下的控制型建设布局规划更具指令性特点，建设期内人、财、物投入是经过综合平衡、纳入国家计划的；最后，规划工作重点、具体建设部门都比较明确,方法重点是技术经济综合论证和多布局方案比较。

当然,生产力布局规划也有局限性。(1)生产力布局规划把直接经济效益放在首位,以资源导向的区域本位规划为主,虽然强调地区之间分工和发挥地区优势,但由于地区资源数量、质量、分布等不同,在开发利用中通过主导部门综合地区经济;而主导部门由于受资源导向的惯性吸引,往往倾向于追求资源加工深度、多种加工方向及综合发展的规模,这很容易产生自成体系,造成地区之间缺乏分工的弊病。(2)规划指导思想虽亦提出争取社会效益、经济效益和环境效益的统一,但由于社会效益和环境效益属间接经济效益,在资金约束条件下,社会效益和环境效益的配套工程建设往往滞后,把环境治理难度大,特别是区域性环境工程、公用事业和投资较多的非直接经济效益项目挤掉。(3)生产力布局规划以经济建设项目为主体,生产和生活之间的关系较难协调。早期的规划提出以先生产后生活原则来处理,后来又把生产和生活理解为"骨头与肉"的关系,实际上都把创造人类方便生活和优化居住环境的最高目标置于从属于生产之下的地位。在建设地区的投资安排上,都是以工业为主体的项目投资及其配套建设投资为主,轻视区域性的生活环境综合发展和治理、居住环境和配套设施等,导致能源、交通、通信等区域公用工程建设不能超前发展,城市建设欠账等问题,长期违背了基础设施建设超前发展的理念。20 世纪 70 年代后期才开始提出区域规划应协调人与环境、资源之间的关系,合理布局生产力的总目标,并要求实现三个效益统一,并在规划内容上更为全面、系统化。但从总体上看,其基本思路仍然是以生产力布局规划为主体的自上而下的规划。

由于我国经济发展水平很低,在现代化建设过程中,经济增长目标始终处于首要地位,所以生产力布局规划仍然是我国区域规划的基本任务,规划内容也以生产力布局为主体,但应充实有关资源、人口、环境和区域政策方面的规划内容,这对克服生产力布局规划的局限性是必要的。

(三)空间规划(环境规划)

空间规划是实体规划的一种类型。它是在城市规划和国土规划基础上发展起来的,把城市规划范围扩大到区域,并把城市置于区域经济社会中心的位置,来综合解决"区域—城市"问题。由于环境问题的复杂性,全球性和部分区域的环境问题已经突出,客观要求环境科学研究与国土整治相结合,通过国土规划实现人与环境、资源之间协调发展,并把国土空间作为一个整体,建立国家的空间发展目标,这样区域规划就逐步具备了空间规划的性质。

空间规划的特点是把人类作为自然的组成部分并且是环境的主体,人与环境共生。人类与自然界是不可分割的统一体,有必要通过规划建立"人类空间—经济社会活动系统"或人与环境系统。首先,空间规划是在反思过去以单一的技术或经济观点,过于追求物质财富和经济利益,盲目开发资源,破坏自然生态,污染生态环境等规划思想的基础上形成的,所以把人类参与环境发展目标作为规划整体目标。其次,空间规划把区域空间效率、公平和安全当作规划的主要原则。生产效率指标是按区位论原理来识别不同类型空间特点,同时在基层建立优化生活的人类居住单元。把国土空间分为集聚空间、农村空间和自然环境空间等,并以"空间诱导产业"原理来优化产业布局,通过交通、通信和其他区域公用工程系统建设,建立区域与国土不同类型的空间联系和运行机制,把不同类型的区域空间单元组成一个整体,达到既能充分发挥集聚经济效益,又能达到环境和社会的安全、公平目标。公平观念是以人类不同层次生活需求为中心,在空间组织优化基础上创造全民享有国家和地方性社会福利的条件,组织便捷利用基础设施、获取平等就业机会等人们必需的居住环境空间,因此改善基层生活条件就成了十分重要的规划内容。日本在国土规划时用流域定居圈、生活圈等概念来表述,联邦德国波兰用"格来那"即基层社会组织来体现,它们都具有基层自治单元性质,区内主要公共设施、就业机会、发展条件都是平等的,并以此来组织区域空间诸要素,优化国土空间利用系统。安全观就是使人类居住、工作和生活活动的各种空间环境能避开自然灾害的威胁或重大影响;防治不良的空间环境对人的生理及心理、对社会与文化等造成超强度压力。最后,空间规划采用必要集聚度、时间距离、技术经济效果等指标,来解决空间发展过疏与过密、先进地区与落后地区协调发展等问题。把上述三方面统一起来,建设优美和协调的生产、生活环境,是空间规划的基本思想和主要内容。

以人类参与环境,以人类的生产和生活环境优化为最高目标,通过空间要素和生产要素合理配置来诱导产业的空间规划,从理论上讲能使目标、手段和效果统一起来,把生产和生活统一,使人与环境协调,以达到某种理想的期望状态。它的缺点或不足之处,一是规划依据不足,它以理想和国家立法、政策为依据,并通过空间组织优化,诱导产业合理配置,缺少一个确定的、在一定时限内可以实现的产业规划或经济发展规划为依托。二是空间规划的重要内容是以空间要素组合和环境整治的优化为主,而且设定的目标是居民期望状态,实施规划需要在交通、通信、供排水及环境保护等方面做大量的社会投资,投资的来源靠国家,这就需要很强的国力条件做后盾,比较适合较发达国家来搞这类规划。三是空间规划效用是长期性、战略性的,需要通过长期努力才能实现,随着政治、经济环境变化,规划的可控制性及其机制尚不明确。

上述三种类型规划在我国不同地区的业务部门和专业工作者都在做,其实用性评价不一。但从区域规划内容的广泛性,区域问题的复杂性,解决区域问题的长期性和战略性来分析,今后仍将有不同专业和学科对区域问题进行研究和规划。从各种类型规划的性质及其内容来看,区域规划从理论和方法上是互相补充的。我们所理解的区域规划主要以物质环境规划为主,在协调人与环境之间的矛盾的过程中,人是主体,是环境的组成部分;环境就是资源的价值观,将越来越为广大民众所接受。随着广大民众对环境的要求和自身环境意识的不断提高,区域规划可理解为是人类对一定地表环境空间所施加的行为和活动总和——在认识客观的基础上,根据社会经济发展方向,拟定区域发展总目标,并选择实现目标的最合适手段和最经济的时间距离。区域规划反映了人们的主观意志、有目的的行动,规划的基本特征是目标指向性、过程和手段的选择性以及实现目标的条件约束性。生产力布局规划和空间规划的对象区域都属物质环境空间,都存在功能原则与地域原则结合的问题。我国经济发展水平低,经济发展处于增长期,根据地区发展不平衡的客观规律、有计划的商品经济性质以及有重点地发展,让部分地区先富起来的方针要求等,在区域规划实践中生产布局规划与空间规划必须密切结合,以推动区域规划理论和方法的不断发展。

三、区域规划中的几个实践问题

(一)规划的指标体系问题

区域规划应有衡量和标志区域发展水平、区域社会经济结构和功能、区域空间要素组合、区域效率及综合经济效益的指标体系,并用它来评价一个区域规划的质量及优化程度。但这套指标体系至今还没有建立起来。现在规划的主要指标是从经济学、统计学、工程学、环境科学和城市规划学等学科引进来的,在不同空间尺度上应用的重点不同。在小尺度空间范围内,以技术经济指标为主体综合解决区域规划的指标问题;在大中尺度(1万平方千米以上)范围内,经济学和环境科学的定量指标应用较多;在空间要素规划中,广泛应用的是工程学和密度指标。由于缺乏一个系统的、统一的规划指标体系,各类规划、各种方案中都用各自的一套指标,这导致难以对它们做出客观、统一的评价。如果长期缺乏统一的规划指标体系,只能说明规划的理论和方法还不够成熟。区域规划应在自然、社会、经济、文化和空间要素等方面建立自己的单项和综合的指标,以用于评价一个地区的发展水平、潜力和开发利用合理性等。

(二)区域规划的作用问题

区域规划的作用看起来很简单,但实际上没有完全解决问题,所以经常碰到困难,或规划不受重视时感到区域规划只是墙上挂挂而已,实际上有的区域规划连一张可挂的图也没有。根据规划性质,区域规划应有以下六个方面作用:(1)可为有关部门提供宏观决策的科学依据,这是由规划的战略性和综合性特点所决定的;(2)可为城市规划及土地利用规划提供依据;(3)可为部门之间协调及部门规划提供依据;(4)区域规划是区域开发和经济计划的前期准备工作,可为国民经济和社会发展计划等提供依据;(5)为制定区域经济、社会和文化发展的政策及法规提供参考性依据;(6)区域规划的方案作为一幅实现未来目标的蓝图,可用于宣传和鼓动,引导广大群众克服困难,积极实现未来目标。但实际执行规划还有很多困难。这里至少有以下三个问题是今后要深入研究的。

首先,对规划约束条件应有全面的分析,一般规划方案从技术经济论证角度很科学,但由于受资金、技术、体制等约束,很难按规划方案实施,从而形成效果上的折减。其次,很多规划缺少项目规划和综合经济分析这一部分,结果虽然列出了大量规划内容,但当需要确定建设项目时,缺少具体项目及其相应的可行性分析,而且其对经济效益的评价也是抽象的、定性的描述,既没有与一定资金回收期结合的投资效益分析,也没有重点建设项目的经济效益评价。最后,区域规划是以总体目标与利益为导向的整体规划。考虑到自身利益可能会受益或受损或与自身无关等,社会经济各部门会对区域规划形成不同的认识采取不同的行动态度,这就使区域规划很难按照总体目标与利益的要求,通过各个部门进行具体落实。此外,各部门的经济实力不同、开发过程的先后排序差别等源于本位利益与整体利益的矛盾,也是区域规划方案实施中的重要障碍。为此,规划有必要做出一个规划实施关联者的决策行为及满意度分析。

(三)区域政策和地方性立法研究

随着改革开放政策的全面贯彻与落实,区域规划的指令性作用将逐步转变为诱导性、指导性作用,所以必须制定长期的区域政策或必要的立法,来保证区域规划方案的实施及其时空上的有机衔接。

世界资源共享论和国土空间相对论

——区域生产力发展和布局思考之一

【摘要】 本文阐述了全球化经济战略中"世界资源共享论"和"国土空间相对论"的重要思想;同时针对浙江沿海经济开放区战略布局,提出了建立空间发展目标、培育增长中心、建立"空间诱导产业"运行机制等应对策略。

在研究浙江沿海地区经济发展和布局时,首先遇到的是沿海已经是一个资源和空间都相对得到高密度利用的地区,人多地少、资源不足是沿海地区的特点,其从静态的物质资源和空间利用两方面都没有优势。如果沿着传统资源开发思路,要建立既符合省情,又能与世界经济发展相协调,并在竞争中发挥自己优势的经济战略布局是很困难的。在海岸带综合开发利用规划中,我们曾对沿海开发利用的基本思路提出三个观念转变:一是打破几千年来形成的单纯的"大陆经济"思想,逐步建立以沿海港口和港口城市为依托的,以工业建设为主体的"海洋经济"思想;二是把沿海是国土"边疆"的思想,转变为沿海是现代经济发展核心地带的思想;三是逐步改变沿海开发以农盐渔和舟楫之利为主的大农业资源开发利用为主的思想,建立以空间利用为主体的多目标、多层次的系统开发思想。这是从浙江沿海环境和资源特点及对外开放的客观需要出发提出来的。"世界资源共享论"和"国土空间相对论",是一些发达国家和沿海国家全球经济战略中具有代表性的重要理论,为我们建立浙江省沿海开放地区未来发展战略与决策提供了重要启示。虽然这些理论的目的是为资本主义国家利用其经济和技术优势,不断向外扩张,掠夺资源,据为己有,或千方百计把第三世界国家的资源和经济纳入其经济体系的战略目标服务的,但在实行对外开放过程中,沿海经济开放区所面临的正是目的与意图都非常明确的资本主义国家,因此我们不但要根据省情特点,而且还要根据激烈竞争的国际经济环境大背景来建立沿海经济发展和布局战略。只有认真研究国外对沿海经济发展战略的认知与布局形势,才能采取相应对策,在竞争环境中取得主动权,或在国际经济联系中互通有无,共同发展。

本文原载于《浙江学刊》1990 年第 3 期,作者为宋小棣、韩波。

一、世界资源共享论

为了掠夺国外资源和占有他国的国土空间,资本主义国家在发展过程中,曾多次企图通过战争来达到目的。第二次世界大战中德国就曾推行过地缘政治学,发动侵略战争。第二次世界大战后,由于技术进步,世界各国的经济技术联系愈来愈密切,资本主义国家改变了手法,凭借自身的经济实力和技术优势,用资本输出的办法或组织跨国公司或在海外购置不动产等手段,把他国资源组织到本国经济体系中。日本是世界资源共享论的积极鼓吹者,也是成功运用资源共享论获得经济高速增长的国家。日本把本国的国情概括为"资源贫乏,国土狭窄"两个特点。第二次世界大战后,针对国情特点,日本的科技厅曾在不同时期做过四次资源调查。第一次调查是 1953 年,编写了一本《明天的日本和资源》。日本由于战败,资源和国土空间有相当部分被主权国家收回,而本国人口在增加。当时的联合国占领军司令部组织了一次资源调查,以美国的爱德华为首,发表了《日本自然资源》这一报告,对日本的资源和前景持悲观态度。但日本的科技厅则不同,通过调查其提出了科技振兴和资源对策相结合,促进经济发展的构思,即利用当时国外资源比较低廉,而国内劳动力丰富,有一批军工企业转向民用的技术力量,实行输入资源,科技振兴的战略。第二次调查是 1961 年,发表了《日本资源问题》调查报告。当时日本正处在高速经济增长期,通过大量的石油、铁矿石和煤炭等资源的输入,在东海岸的滨海地带,发展重化工、钢铁、造船、机械等重工业,对国外的能源和原材料依赖性很强,几乎全部的石油和大部分的煤炭、铁矿石都是从国外输入的。为使能源、原材料保证供应,日本开始研究全球资源,并提出了以当时日本拥有的技术和劳动力优势,发展加工贸易和自由贸易,提高国际竞争力的经济战略。1971 年,日本科技厅发表了第三次资源调查报告,即《未来的资源问题》报告书。由于国内经济的高速发展,劳动力从过剩转向不足,人口城市化,收入水平和工资的提高,工业发展对环境的污染,等等,引起了国民的不满,在国内通过技术开发治理环境、实行资源综合利用,在国际上利用稳定的市场输入原料、加工出口成品的时代将成为过去,也就是说国内素质较高和廉价的劳动力与国际低廉的资源相结合的发展经济的优势正在丧失(例如,以中东战争为转折,石油输出国组织对石油实行提价和限量供应),靠资源大量消耗发展经济的时代已不存在,同时世界的粮食市场由过剩转向不稳定,所以在 1976 年制定第三次国土规划时,其提出了"资源有限时代的国土规划"这一新课题。规划要求,在利用国内外资源中,要依靠科技增加加工产品的附加产值和提高资源的综合利用率;在国外资源的获取上要多元化,全方位输入资源,以免资源市场局限于少数国家而陷入被动。1981 年,日本科技厅进行第四次资源调查,并编写了题为《日本资源——21 世纪的课题和对策》的调查报告,提出了资源的新概念,并与国土开发结合,正式提出"资源共享论"。在资源共享论中,其首先指出资源利用不能把本国资源和世界资源分离开来考虑,应把本国资源与世界资源综合地加以研究;其次是资源不仅仅局限于有形的物质资源,还应包括资本、技能、制度、劳动力、个人志趣和秘诀等文化的、知识的资源,而后者日本明显地占据着优势;第三,资源利用应与有限的国土资源开发结合,要求保护国土,使国土具有稳定性、安全性。调查报告对世界能源、资源,从工矿业原料到粮食和能源等都进行了系统的分析,提出了面向 21 世纪的资源对策,把本国资源与国外资源都纳入一个统一的面向 21 世纪的资源课题中加以论述。如粮食战略对策,日本的食物自给率只有 33%,粮食自给率为 76%,绝大部分靠进口,为此其对 21 世纪世界主要产粮国的耕地、产量和气候波动对粮食产量的影响、运输条件包括输出港口、工人素质、工会组织、国家的政治稳定性、世界粮食危机引起抢购的可能性等,都做了分析,并提出长期对策、中期对策、应急危机对策等。在 1984 年开始制定的第四次全国国土规划中,日本以世界经济一体化、资源共享论和国土空间相对论为指导思想,提出了通过技术、资本输出,强化本国国土高密度、高效率利用,开发海洋空间等,把世界资源纳入本国的经济体系;同时加强科技和信息资源的开发利用,重视文化、知识资源的作用,建立全球的技术和情报体系,以此作为资源评价的基础,进一步把日本视为世界工厂。资源共享论是进入 20 世纪 80 年代以来,日本经济实力显著增强,成了世界上的主要债权国,在很多技术开发领域赶上了欧美国家,通过资本和技术优势,强化信息情报系统,来组织世界资源为我所用,已具有可能的条件下提出来的。所以,日本在国内搞了大量的面向 21 世纪的综合技术开发项目,如 21 世纪的海洋技术、海上城市装置、10 个新技术信息城市建设、21 世纪的综合交通运输技术及其他高技术研究等,使本国在技术上领先于世界;并通过资本和技术输出,占有他国资源,资源观从静态到动态,从重视物质资源到重视知识、技能、志趣和秘诀等非物质资源,从输入原料加工出口到输出资本和技术,占有他国资源等,逐步走向成熟。它给我们的启示是应结合省情,借鉴日本的某些做法,充分利用区位空间优势,利用两种资源、两个市场,来建立面向未来的沿海开放区经济战略布局。如鉴于本省缺乏发展基础工业的原材料资源;国内的煤、石油及其他矿石资源的产地距浙江都在 1000~2000 千米,大部分都要通过港口才能进入浙江;国外资源主要分布在北美、大洋洲和西亚等国家的情况,在本省经济发展战略中,提出了利用沿海的港口优势,建立滨海工业基地,发展能源、石油化工、钢铁、造船等工业的对策。由于资源不掌握在自己手里,要利用国内外资源,就应有相应的对策,即利用资源、资金的空间布局与发展对策。国土空间相对论就是对应于资源共享论而提出的一种经济战略思想。

二、国土空间相对论

国土空间相对论是指一个国家静态的国土面积和所拥有的国土资源与人口,对本国的经济发展及经济实力的影响是相对的。国土空间应包括静态的国土空间和动态的空间两部分。动态空间的作用不断加强,使得一国国土面积仅具有相对意义。资源共享论和国土空间相对论是互相结合、互相联系的概念。

随着交通、通信等技术的进步,资源利用技术的发展和高科技项目的开发,一些过去未被利用的资源正在被纳入到国民经济的运转体系中;人们征服空间的能力空前加强,社会经济活动的时间距离正在缩小,而活动范围则不断扩大,这一过程已延续了近一百年。地球上的人类已征服了通信的空间,图像、声音和文字可以迅速传递,无处不到。

人流、物流的空间距离正随着各种运输方式的多样化、高速化、大型化而缩短,地球的时间距离成百倍、成千倍地缩小,人们社会经济活动的范围则由此相对地扩展到了全球。马克思非常重视这种制服空间距离的技术发展,曾把资本主义国家以铁路为代表的运输、通信技术的发展称为"世界的加冕式"。现代交通工具作为庞大的技术体系正在不断完善,世界上重要的国家都把克服空间制约的交通、通信系统技术的发展,作为面向 21 世纪发展的政治、经济战略。

现代的航空技术正在成为人流、物流的运输工具和农林业、采矿探矿业、水上作业和高空作业不可缺少的技术工具,并已组成庞大的体系,向大型化、高速化、微型化等不同方向发展。航空客运已成为常规的交通工具,发达国家中 30 万人口以上的城市绝大部分有航空港,航空货运从邮件到小型贵重货物正在地区之间以技术协作和工艺协作为代表的全球经济技术分工中扮演重要角色。"临空型"产业布局和空港工业区的出现就说明现代空运已参与工业企业的原材料和产品运输。我国沿海经济开放区各城市在开放初期就发现没有现代化的航空港是谈不上具备开放条件的。所以一般城市都在修建航空港,浙江省的宁波、温州、台州、舟山等都把建设航空港作为地区发展战略中的重要内容。

迅猛发展的航运业,更是对外开放的火车头。一方面,沿海大中小港口的群体开发,不但成为实施沿海经济开放区发展战略的先导,而且成为未来发展和组织优化空间的核心;港口城市在经济发展战略布局中成为区位空间优势的中心,建立空间导向战略的主体。现代航运业正在形成以船舶大型化、高速化、集装箱化为代表的综合运输系统。造船工业的发展和船舶大型化,是实现世界资源共享的必要条件和战略措施。另一方面,适应各种货物运输,包括特殊货物运输的专业船舶也在不断发展,加上船舶运输高速化和指挥系统的自动化,使世界各国从资源到产品的各种产业在技术条件上被纳入全球经济运转体系。船舶大型化、高速化、现代化及其他航空技术的发展,对作为不同规模和类型的、对等运输必备的港口条件也提出了新的要求。有足够的深水岸线、有作业水域或避风锚地以及有陆域用地条件的深水港址资源,在每一个海洋国家都是很有限的,但对未来发展却极具战略意义。寻找和开发深水港是世界各海洋国家倍加重视、面向 21 世纪经济发展战略的重要内容。在太平洋沿岸特别是西海岸的各国,随着经济的发展,沿海深水港址都身价百倍。"亚洲港"是太平洋西海岸各国或地区都在积极寻找,并企图加以开发的重要战略性工程,如日本的北九州等。浙江省思考并提出了"东方大港"战略举措,以应对、参与"亚洲港"开发构思。

三、关于浙江沿海经济开放区战略布局的思考

一方面,上述基本论点虽然是资本主义国家特别是日本提出的一种观点,而且带有很大的功利倾向,目的是为资本输出、利用世界资源寻找机会,但这毕竟是世界的现实。对外开放就意味着参与竞争,这就要求我们去了解对手。另一方面,浙江沿海的自然环境条件与日本有很多相似之处,有的可以结合省情,为我所用。

日本的国土面积为 37 万平方千米,其地质地貌条件,山、水、田的构成比例,人均耕地面积和人口密度与浙江很相似;气候同属亚热带,但日本是岛国,受海洋影响,属海洋性季风气候,降水比浙江丰富;自然条件并没有为日本带来安宁,日本是地震、海啸等高频繁发生的国家,北方冬季积雪,国土并不安全;日本每平方千米的能源和资源的消耗密度远高于浙江省,环境污染等造成的压力也很大;而且其与浙江的社会制度、经济发展水平不同,文化差异也很大。所以在比较日本和浙江的经济发展战略时,必须注意到现实的可比性。然而,从资源和国土空间的战略构思上做些比较,对我们还是有所启示的,可资借鉴。何况前述的资源观、空间观也不仅仅是日本的观念,其他发达国家如美国也有不少经济学家以至政治家都有类似的观点。

从区域发展和经济结构分析,浙江省正处于工业化初期过渡到全面工业化的阶段。根据一、二、三次产业构成和就业人口结构依次更替的配第—克拉克定理,浙江省在经济发展上正处在发达国家曾经走过的、以发展电力能源工业和化学工业为代表的第二次技术革命过程中,其特点是利用区位空间优势,积极发展电力、石化、钢铁、机械和电器装备等工业,同时加速发展贸易、金融、信息、咨询、科技、教育等,在空间利用上要促进产业要素的流动,并建立工矿业和城市为核心推动国土空间的动态利用。其空间形态上正处于以产业、人口和智力集聚优势为特征的现代集聚空间形成的过程中,其空间的发展特点是由点的增长中心向点轴发展的阶段。改革开放以来,浙江省学术界在讨论本省发展战略时提出,在产业结构上应积极发展重化工业、钢铁和海洋工程等,以改变经济

结构；在空间布局上提出以港口开发为先导，积极发展沿海港口城市，并加速沿海港口城市及与内外的交通、通信网络的建设；这客观地反映了浙江经济发展和空间演变的阶段性特征，无疑是正确的，必须千方百计创造条件，逐步实现。为促进沿海发展战略的实现，在改革开放方针的指引下，充分利用国内外两种资源和两个市场，吸收某些发达国家的资源观和空间观，我们应进一步对下列有关问题深入思考，并积极创造条件，促进经济发展。

第一，应建立区域发展的空间导向目标。以动态的观点认识物质资源和空间资源，充分利用沿海的港口和港口城市，发挥区位空间优势，开发港口，建立滨海工业基地，发展石油化工、钢铁、港口电站和机电工业，用基地来推动后方配套产业的发展和前方市场的开拓，克服后方疏运系统薄弱，缺乏交通通道的不利因素，并以此来推动经济结构的合理化。这对基础原材料工业和能源都缺乏的浙江来说，不但具有现实意义，而且具有深远的影响。

第二，根据经济结构和空间导向相协调的要求，积极培育增长中心，建立"空间诱导产业"的空间运行机制，充分利用经济中心集聚效应和空间运行要素结合的优化空间作用。在培植经济增长极，发展经济中心的同时，加强经济中心之间的联系，建立以交通、通信为主体的国土空间开发轴。现在杭州—宁波之间的发展轴正在形成，但由于空间结构演变的滞后作用，浙江省的空间结构基本上还停留在农业社会时期那种低水平、孤立的多数中心形态，缺乏以产业要素、人口的高流动性为标志的空间效率。根据点轴开发原理，建立金温铁路和沿海铁路，并形成"杭州—宁波—温州—金华—杭州"的环形铁路和公路轴线，将是充分发挥浙江空间区位优势，优化空间结构，建立空间导向的区域经济开发战略的必由之路。

第三，根据区域开发的空间导向原理和浙江经济发展的阶段性特点，在建立"点—轴开发"的空间格局时，应建立两个体系和两个网络——港口体系和城镇体系，综合交通运输网络和通信网络。此外，应以各级经济中心为核心，加强城镇基础设施建设，改善投资环境，促进产业的合理布局。

第四，经济中心的极化作用使得区域内部和区际的发展不平衡加剧，为此，应对落后地区如远离交通干线、边远山区海岛区的经济发展提出相应政策，使其避免出现极化作用导致人力资源、资本等要素大量外流的恶性循环。

第五，在实现区域开发空间导向，建立"空间诱导产业"的区域开发战略的基础上，以优化空间结构为前提，积极研究产业政策和产业优化选择，也只有这样，产业结构调整和产业优化选择才有可靠的基础。因为在资源和市场都不能有效控制的条件下，研究产业选择，无疑是难以实现的。只有在建立一个空间导向开发目标，优化空间结构的条件下，才能吸引来自任何方向、不同性质的物质资源、资金和技术，并在一定空间内通过优化组合，发挥出特有的经济效益。

优化产业结构和扩大经济发展选择空间

——区域生产力发展和布局思考之二

【摘要】 本文分析了浙江发展战略中优化产业结构和扩大经济发展选择空间两种基本思路;阐述了空间目标导向,优化空间结构,实行机遇决策,抓住各种发展机遇,扩大经济发展选择空间等,对浙江当前发展的重要性和必要性。

改革开放以来,浙江省的经济发展克服资源天赋不足矛盾,利用改革开放的宏观环境有利条件,拓宽市场,充分利用两种资源和两个市场,使经济得到高速发展。在 1978—1988 年的 10 年间,国内生产总值年平均增长 11.7%,国民收入年平均增长 17.5%,工农业总产值增长 22.2%,其中工业生产总值增长 18.3%。这个土地面积占全国的 1%,人口占全国的 3.7% 的小省区,社会总产值居全国第 7 位,国民收入居第 6 位,工业总产值居第 5 位,经济发展总体规模居第 9 位,综合效益居第 7 位。在这一次改革开放的浪潮中,有关浙江经济发展的动力、机制的总结文章很多,但对发展条件却缺乏系统的分析。所以,对于面向 21 世纪的浙江省经济发展,除依靠客观环境,抓住机遇以外,还应该分析、研究创造必要发展的自身条件,不断扩大推动经济发展的选择空间。

一、区域经济发展中的资源、后劲和经济结构优化

长期以来的区域经济发展研究基本上是从当地的物质资源或者说静态的资源优势出发,通过资源开发,建立区域开发结构的优化模式。这种资源本位导向目标的开发规划,在一个国家或资源丰富地区比较容易实现,但在现实中,我国资源最丰富的中西部地区却并不是最发达地区。浙江与其他东南沿海省区相似,如何克服资源天赋不足的制约,是经济界和决策部门经常思考并企图解决的一个基本课题。浙江省可利用的矿产资源有 150 余种,数量少,规模小,且缺乏发展基础工业的能源和原材料资源。20 世纪 70 年代以前,浙江利用优越的农业自然条件,以发展农业为主,在经济发展上掌握了主动权,工业资源问题尚未显现;在 80 年代改革开放形势下,随着加工工业迅速发展,能源和原材

本文为 1994 年完成的内部资料,作者为宋小棣、韩波。

料资源不足的问题被首先提了出来。其次,由于浙江以轻纺工业为主,以加工工业和集体工业为主,经济发展似乎缺乏后劲。"资源"和"后劲"就自然成为发展浙江经济热议、必议的两大课题。两大问题都与经济结构优化研究相联系,并引发出本文所提出的产业结构优化和扩大经济发展选择空间的两种不同思路。

(一)经济结构优化中的资源问题

对于资源问题,历来有两种观点,一种认为应立足本省,发挥沿海开放和港口资源优势,通过交换引进国内外资源,发展基础原材料工业,使经济结构适度重型化。另一种主张利用现有工业基础,依靠科技进步,通过市场培育,继续发展加工工业,优化轻型工业结构。两种观点的共同点是都需要有改革开放的环境和培育良好的市场。

立足本省,提高资源自给能力,建立原材料基础工业的战略重点放在沿海,开发沿海港口,以港口开发为先导,以建立滨海工业基地为主要内容。但实现沿海发展要以发展原材料工业为起步,建设周期长,需大量资金投入,开发港口和发展基础工业本身就需要大量资源。从全国沿海产业布局现实来看,原材料工业的基地布局大局已定;从全国和长江三角洲经济区布局来看,浙江产业结构优化中走这一条路难度较大。所以在市场经济条件下,有的认为应抛弃自成体系的自然经济观念,应从浙江经济结构现状条件出发,继续以发展轻型加工工业为主,面向市场,参与竞争。其实两者都有一定的片面性。从沿海经济发展的密度、空间容量及本省的港口资源条件看,与发达国家沿海地区的经济水平比较,即使长江三角洲和珠江三角洲地区的经济密度及容量,现在也只有日本三大城市圈经济容量的十分之一至五分之一。浙江有 4000 多万人口,又有沿海港口资源优势和地处以上海为核心的长江三角洲经济区南翼的区位优势,适当发展基础原材料工业是完全有必要的,也是可能的。事实上宁波市北仑深水港区的发展条件已初具规模,石油化工发展速度很快,钢铁、能源、建材等有的已有一定规模,有的也在通过外资积极筹建。问题在于,在市场经济导向下,加速经济体制改革,发展加工工业的同时,通过引进外资和自身的资金积累,发展必要的基础工业,两者不能偏废,不能做排他性的选择。从长远看,把发展沿海工业放在重要地位,也不是等同于搞自给自足的封闭型经济。浙江经济发展实质上都应以市场为导向,发展原材料工业或加工工业都需要引进资源,资金、技术和资源问题,在浙江的特定条件下都已转化为资金问题和交通运输问题。

(二)优化产业结构中的后劲问题

通过培育主导产业,增加经济发展后劲,促进经济结构优化,是长期以来学术界和决策者所思考的重点问题之一。一种观点认为,浙江经济后劲不足是因为缺少原材料工业和大型骨干企业。由于资源天赋不足和历史发展过程的环境条件制约,浙江经济以轻工业、加工工业、小型工业和集体企业为主,"轻、小、集、散"的工业特点明显,对市场依赖性太大,缺乏后劲,所以增加后劲就需要使经济结构适度重型化。另一种观点认为,主要是浙江科技发展滞后或科技发展落后于沿海各省,产品缺少竞争力,因此提出以产业高度化为重点来优化结构,增强后劲。这样在结构优化中形成两个不同的侧重面,前者注重主体结构,后者注重比较优势。从长远看,科技进步是促进经济发展的关键,科技进步不快,即使有了原材料工业和大型骨干企业,也只能搞低技术的产品,仍缺乏市场的竞争力。问题在于,浙江省的经济结构本身缺乏吸引科技的能力,尽管浙江文化水平和科技水平都较高;但由于缺乏一些大型企业和大中城市来集聚智力,大量科技力量外流,常说的浙江科技是墙内开花墙外红,原因之一就是缺乏这种集聚优势。所以光从资源和技术角度做文章,比较难以找出很好的解决办法。

二、优化产业结构和优化空间

(一)优化产业结构和增长经济总实力

在三年的经济调整时期,浙江经济缺乏后劲很快反映出来,经济滑坡出现的时间比全国平均早而快,产品竞争力不强。在宏观决策下,学术界和政府部门花了很大力气做产业结构优化的文章,并在省、市两级做系统结构优化。首先,从产业结构优化出发,寻求浙江经济发展的增长点或称主导产业部门,并围绕主导产业部门优化结构,建立系统模型。多种研究结果一致认为,浙江经济还没有形成主导产业部门。主要产业部门如机械、轻纺、化工、食品、建材等是浙江的支柱产业,而且地区之间的结构类同,还不能说是主导产业。上述各产业部门中,大部分规模不足、企业分散、技术层次低,产业集聚中的企业规模经济和城市化规模经济都不明显。机械、化工等产业缺乏布局较集中的大型骨干企业;轻纺、食品工业布局更为分散,而且乡镇企业占很大比重;建材工业产业关联度低,生产链不长;商业和金融才开始发展;说明整个经济总体实力不强。研究发现,产业结构、产品结构和技术结构在经济发展过程中的特点是产业结构中没有形成主导产业,产品结构靠市场调节,技术结构靠开发;目前正处在外延扩大规模和内涵发展提高技术档次都具有经济效益的状态。这就提出了一个新问题,即优化结构和增强经济实力、扩大经济规模并存的问题。如果片面强调其中的任何一个方面都将影响经济发展速度,即如果过分强调结构优化,将可能丧失很多发展机遇;如果强调扩大规模,产业层次提不高,可能使原有经济部门丧失优势。客观地看,经济发展同时存在着扩大规模、增强经济总实力与优化结构,提高技术水平和经济效益并存的局面。

(二)经济发展不同阶段任务并存

经济结构包括产业结构、技术结构和就业结构或称劳动力的部门结构,三者相互制约和联系,产业结构是技术结构的载体,技术结构是产业结构的动力和机制,就业结构是经济结构的综合反映,技术进步促进产业结构和就业结构的变化,并导致新产业部门和产业群的形成,从时间序列上表现为阶段性。历史上曾经历过三次与技术革命相联系或称技术进步导向的产业结构和空间结构变化,其结果表现为第一、二、三次产业在国民经济总量中的构成比例和就业比例关系的依次更替。人们把第二次产业的产值超过第一次产业的转变、第三次产业超过第一、二次产业的变化,分别称为工业化阶段和高度工业化阶段。联系浙江实际,浙江省广义工业(含建筑业)的产值 1965 年已超过了农业,1965 年浙江的工业产值占 54.4%,农业占工农业总产值的 44.6%;在国民收入增长中第二次产业超过第一次产业是 1980 年,1980 年的国民收入中第二产业占 46.1%,第一产业占 44.7%;在国内生产总值上,1977 年的第二次产业超过第一次产业,1986 年人均国民收入超过 1000 元(1986 年全省人均国民收入为 1042 元)。上述变化说明浙江省在 20 世纪 70 年代末和 80 年代初已从初期工业化阶段进入全面工业化阶段。另据 H.钱纳里专著《工业化和经济增长的比较研究》所述,衡量工业化国家的"标准指标(1976 年)为:人均收入 350 美元,制造业产出在国内生产总值中所占的份额为 18%,制成品的出口在商品出口中所占份额为 20%,人均制成品出口额为 15 美元"。对照上述指标,浙江省在 1988 年的全省平均国内生产总值为 715.2 亿元,人均 1715 元,按同年人民币与美元汇率计算,人均 458 美元;第二产业在国内生产总值中的比重已占 48.7%,工业制造业在商品出口中所占份额已达 25.97%,人均出口额达 38.85 美元,除去农村副产品加工的工业制成品人均出口为 10.09 美元,上述指标均已超过低收入国家的水平,进入工业化晚期阶段,其中出口结构已符合工业化中期的状态。1988 年的全部劳动人口中,农业劳动力人口为 51.2%,非农业劳动力人口为 48.8%,比全国平均农业劳动力人口低 15.1 个百分点。1987 年城镇居民的恩格尔系数约为 0.510,农民为 0.464,如考虑我国的、医疗、住房的福利和价格补贴等,1988 年城镇居民的恩格尔系数为 0.383,浙江居民的生活水准和消费水平也已超过温饱型而走向小康。根据经济发展的阶段结构特征,浙江经济发展应该是进入了全面工业化阶段,并通过结构优化,提高效率,进入高速发展的阶段。这一阶段经济结构的固有特点是:以电力、动力和化工技术发展为代表,第二产业革命所引领的电力、机械、煤炭化工、石油化工及钢铁工业等全面发展;

传统产业被改造,新产业部门和产业群体不断涌现,经济结构不断变化;加工工业不断技术革新而使其产品日新月异;贸易、金融、信息、咨询、科技、教育等第三产业加速发展;等等。但实际上,浙江经济结构并没有完成这一阶段的发展任务,主要表现为重要的基础原材料部门缺失,原材料全赖外地供应;乡镇工业比重大、规模小、技术落后、布局分散;整个工业仍以加工工业为主,占到全省工业总产值的 80%;等等。所以,很有必要把壮大经济实力、提高技术层次放在重要位置,协调解决好优化结构与壮大经济实力、扩大经济规模并举的问题,协调解决好产业结构中基础原材料工业、加工工业和新技术产业统筹发展的问题。

三、扩大经济发展的选择空间,实现机遇决策

(一)两种不同的发展思路说明什么

近来浙江省经济发展思路都是基于以上的特点提出的。

思路之一,加强基础工业,使工业结构适度重型化,输入能源、原材料,在沿海港口建立滨海工业基地,积极发展石油化工、钢铁、建材和海工工程等,通过补课,达到结构优化。

思路之二,充分利用原有工业基础,以市场为导向,通过技术改造,以优化产品结构为重点,促进产业高度化。

两种思路都重视沿海经济发展和港口开发,但在阶段决策上往往产生矛盾,其实质是重点放在优化经济结构上还是扩大经济发展选择空间上。

(二)以空间导向为目标,扩大经济发展选择空间

从本省的经济发展阶段特征出发,应以空间导向为目标,扩大经济选择空间,加速工业化和城市化进程,建立以城市为中心,推动原材料产地和工业品市场相结合,并在不断扩大市场范围过程中,在产品和市场水平级上实现优化组合,通过大规模的地区开发和组织交通、通信、能源供应等空间运行要素优化组织,实现集聚效益和规模经济。客观上要求通过空间目标导向,抓住各种发展机遇,实行机遇决策。过分强调产业结构优化,反而会失去机遇。只有优化空间,才能扩大经济发展的选择空间。

(三)正确对待低水平重复建设

低水平重复建设,主要是指多大范围和规模,这是首先要解决的问题,有4000多万人口的浙江,经济结构应有一定的规模和产业层次。低水平重复一般是指加工工业,特别是初级品加工工业,其规模小,缺乏经济后劲和经济效益。重复建设有观念问题,希望万事不求人的封闭型经济思想;也有体制问题,过分

的行政干预,谋求地区的利益;还有经济现代化所要求的经营管理,即自成体系管理方法,缺乏外向型、全开放地区之间实行分工的一套经营管理手段。从扩大经济选择空间和机遇决策要求来分析,重复建设、封闭型思维和封闭型的经济结构,只有通过市场竞争才能打破。优胜劣汰是一种规律,不可能人为地搞出一个优化的产业结构,只有市场才能决定和培育高效益的产业结构。一切所谓优化,只能通过宏观调控和政策措施,在真实的产业市场环境中才能得到实现。

产业组织空间和空间诱导产业

——区域生产力发展和布局思考之三

【摘要】 本文分析了经济体制转型背景下"产业组织空间"规划方法的局限性;阐述了"空间诱导产业"规划方法的基本构想、内容和方法,及其对扩大经济发展的选择空间,推动区域发展,提高经济地理学的服务水平的重要意义。

一、两种不同的生产力布局规划类型

区域经济发展和结构特征在时间和空间过程中是一致的,空间布局是经济诸物质要素在空间的投影。区域经济是一个多层次、多类型的空间系统。从《世界资源共享论和国土空间相对论》① 和《优化产业结构和扩大经济发展选择空间》② 两篇文章中,我们可以得出以下五点结论。

(1)区域发展的物质资源丰富与否对区域经济发展仅具有相对意义。在一定条件下,世界资源可以共享,创造条件把世界资源组织到本国、本地区的经济流转中来,就能实现资源的转换。这需要的是资金、技术、运输条件和产业吸收能力。

(2)一个地区的土地面积的大小仅具有相对意义。生产力的集聚空间是高密度利用的空间,它支撑着一个国家和地区的整个经济,是经济总实力的代表。这类空间一般只占国土面积的 6%~7%,即使高度发达的国家,如美国、西欧各国、日本等也大都如此。生产力布局要求发挥动态区位优势,组织生产力空间布局。

(3)技术进步使人类克服空间障碍的能力加强,空间相对在收缩,而经济活动空间则扩展到全球。著名诗人艾青曾说过:"任何一个国家都可以说自己是世界的中心,因为地球是圆的。"技术的进步正在使这种哲理性的见解成为现实,现代通信手段已把地球浓缩成一个点,而其网络则扩展到全球;各种交通工

本文为 1994 年完成的内部资料,作者为宋小棣、韩波。

①宋小棣,韩波.世界资源共享论和国土空间相对论[J].浙江学刊,1990(3):41-43.

②宋小棣,韩波.优化产业结构和扩大经济发展选择空间[Z].内部打印稿,1994.

具也在以不同方式追求速度,只要不断地增加空间流动性,组织好空间网络系统,优势的区位空间吸引产业要素、人口和资源的能力将会不断加强,其可能上限只能是一定技术条件下的环境总容量。

(4)现代化的经济组织和管理手段,有条件把资源和空间有机结合起来,而智力、知识、技能和秘诀以至人的积极性、志趣等在区域开发中占有重要地位。

(5)在工业化初期阶段,以加工工业为主体的区域经济,存在着产业规模不足,企业规模小,产品技术层次低,布局分散,部门结构、层次结构和技术结构不完善等问题,往往找不到经济发展的主导产业部门,因而很难把握经济结构和发展的优化方向。在这种情况下,过分强调优化经济结构实质上是强调和拔高了某些产业部门,从而影响甚至失去把握经济发展和扩大经济选择空间的机遇。针对经济发展阶段性特征和产业结构现状,应把扩大经济发展的选择空间摆在重要位置,即不轻易放过一切有利于促进经济发展的机遇。

应该把优化产业结构和扩大经济发展选择空间有机地结合起来,就是把扩大经济规模,增强经济实力和优化产业结构统一起来,要抓住机遇,而且要善于利用和捕捉机遇,创造机遇决策的条件,防止因优化结构而丧失机遇。

基于以上认识,在生产力布局规划中既应自上而下地以经济发展目标为导向来组织空间,也需要考虑选择具有优势区位条件的地区,以空间导向为目标,通过区位空间优势的利用,创造良好的投资环境,优化地区的空间结构,为吸引并集聚各种产业要素提供机遇决策的条件和依据,由此推动经济社会发展规模的壮大,同时增加产业要素的空间流动性,提高空间效率。后一种方法可称为"空间诱导产业",或形象地称其为"筑巢引鸟",是一种以空间发展目标为导向,合理且有效利用国土资源的生产力布局方法。在改革开放的形势下,上述两种方法可以交替使用,"空间诱导产业"更具有灵活性和实用价值。

二、产业组织空间

在区域生产力布局理论中,我国长期以来是在计划经济指导下,以产业组织空间的方式来研究生产力布局问题,并在区域规划和城市规划实践中加以应用。

(1)根据国民经济计划或中长期计划,自上而下有计划地在一定空间范围内组织产业要素,把中长期计划的新建、改建、扩建项目和基础设施及地方配套项目在空间上落实,它属于国民经济计划的组成部分,是国民经济计划的继续和具体化。

(2)自20世纪60年代以来,计划项目变动较大,而且当地资源和条件调查也不够深入,影响具体项目落实,针对当时情况,应从资源调查开始,对资源、环境、社会经济现状特点进行全面调查分析,提出区域经济发展方向,制订地区的经济发展计划,并在调查范围内对工业、农业、交通、城镇和其他基础设施进行全面规划。用技术经济分析方法,具体落实空间。

(3)以计划为依据,组织产业空间的生产力布局理论和方法,在我国经济建设开创时期建设项目有限,而且以大中型的资源开发和加工工业为主体,集中分布在一定区域范围内是有效的。

(4)产业组织空间的优点:一是自上而下,整体与局部关系明确,开发所需的人、财、物等资源已经过综合平衡,纳入指令性计划,分解到具体产业项目,且在空间上落实。二是布局重点明确,一般可通过综合技术经济论证和方案比较,择优布置。但它也有局限性。一是规划布局是把直接经济效益放在首位,以资源导向的区域本位规划布局为主,虽强调地区分工和发挥优势,但由于资源数量、质量和分布地区差异大,在地区开发中,多以当地优势资源为主导部门,是一种资源导向型的布局思路,比较容易出现资源综合利用深度的组织不同而导致的自成体系等不良后果。二是在资金约束和时间约束的条件下,社会效益和环境效益这类间接经济效益目标往往被忽视,环境治理难度大、投资大的工程往往被挤掉。三是由于以经济建设项目为主体,生产和生活之间协调不够,早期倡导"先生产后生活",后来又提出"骨头与肉"的关系,其实质还是把创造方便、优化的人居生活环境这一最高目标置于从属地位。我国社会和基础设施建设长期以来比较滞后、缺乏基础设施超前意识的情况,并非一日形成的,而是上述指导思想和生产力布局理论的长期导向和作用的结果。四是由于计划的实质属于行为科学范畴,在权力影响力较大的情况下,决策偏好导致生产力布局中的效益差、重复建设等就很难避免。

(5)20世纪70年代后期,在生产力布局的目标、指导思想方面,提出了协调人与环境、资源的关系,社会效益、经济效益和环境效益统一原则等,在方法论和方法上强调系统规划,上下结合。但要形成一个庞大的规划,需天文数字的投资,受资金、资源和时间的约束,现实和理想的矛盾难以统一。

三、空间诱导产业

(一)改革开放提出的新课题

改革开放对生产布局的理论和方法研究提出了新的课题,特别是在沿海开放区,首先要回答:资源缺乏、人口密集和开放程度高的区域,发展潜力有多大?其次,引进的外资、外国企业家投资地域取向和投资性质、内容千差万别,怎样才能既满足外商要求,又符合国家和地区的经济发展目标?第三,乡镇企业发展和国有企业改革放权,经济决策的权力行为缩小,有的从直接指令转向间接调控,企业家都把直接经济效益放在首位,如何协调国家目标和企业效益目标?

第四,各地区都要求加速经济发展,制订宏伟的发展规划,但由于缺少地区之间、上下之间的协调,用计划经济的一套思路和方法去规划一个地区的发展和空间布局,难以把握资金、资源和时间等诸多的约束条件,如何改变空间布局依据不足和难以兑现的状况? 实际上,在改革开放的过程中,我国计划经济体系正在为社会主义市场经济所取代,市场经济需要有与之相应的生产力布局理论和方法。改革开放以来的十多年,浙江省生产力分布演变格局都不是在先有计划和规划的条件下形成的,特别是乡镇企业发达的地区,如绍兴市的轻纺工业、温州市柳市的低压电器、瑞安的精密机械、台州市黄岩的精细化工、温州市苍南的编织业等。这些工业密集区,原先都是人多地少的农业区,既无原料,也无技术优势,但是抓住改革开放有利时机,利用沿海区位优势却发展起来了。上述几大块工业区,即使在改革开放的条件下,也曾一度引起非议,但事实却无情地把这种非议打破了。

我们在调查中,去了解企业家急需解决的是什么问题时,他们几乎都提出"信息+基础设施"是最重要的。前者是要市场信息、技术信息和机遇,后者要求解决交通、通信等基础设施,即需要优化空间,在区域规划和城市规划的实践上应打破原有的思路,吸收国外有用的经验,为当前的经济建设服务。容量规划、门槛分析、地区开发的点—轴系统以及农村基层社区单元理论等都有广泛的应用,而且取得实效,在沿海开发区、实验区更是多种多样。所有这些都是以改善投资环境和基础设施开发为起点,在区位分析基础上把创造良好投资环境放在首位。浙江省先后提出各类型开发区,镇、乡级以上有 1500～2000 平方千米之多。实际上,这一点单从资金、人口劳动力角度分析是难以实现的,但从另一个侧面看,"空间诱导产业"已从直觉上感到是有需求的,并且已波及各决策部门。因此在市场经济不断发展的条件下,空间布局方面应从理论和方法上去解决现实问题。

(1)经济发展进入工业化阶段,在空间布局上表现为由农业经济社会的低水平均衡向地区发展不平衡过程转换。由于空间发展滞后,加速空间开发,优化空间结构已提上议事日程。

(2)区域开发的空间导向目标,是促进产业要素、人口和资源向优势区位集聚,加速城市化进程和发展中心城市已成为地区开发的迫切任务。

(3)提高空间效率、优化空间结构就是要发挥区位优势,增强产业要素、人口、资源和信息的空间流动性,由此需要大力改进并建设现代化的空间网络系统。

(4)交通、通信、电力和城市供水等都是现代化空间组织的战略工程,沿海港口开发热、高速公路和地方铁路热等就是优化空间的具体反映。各种类型开发区更是层出不穷,所有这些都是从基础设施建设开始,把创造投资环境放在首位。"空间诱导产业"就是这样在直观需要的情形下深入各级决策部门。

（5）从国土资源动态分析，利用全部国土资源，包括物质资源和无形的信息、智力和志趣等。

上述这些实质上都是从空间诱导产业，建立良好投资环境和创造优化居住环境提出的新课题。

（二）"空间诱导产业"的基本构想

优化空间实质上是把国土空间作为一个整体，建立区域和国家空间发展的长远目标。空间目标是承认人类是自然的组成部分和环境的主体，人与环境共生，由此形成"人类空间—经济社会活动系统"。这是对过去狭隘的经济技术观及其区域开发方式的反思，也是人类参与环境目标的新起点。

（1）根据区位论的原理，识别不同类型的空间适用性，同时在基层建立优化人类生产的居住单元。我国撤区扩镇并乡后，镇和乡中心人口将达到基层单位必要的门槛规模人口，这为促进农村现代化提供了一个空间和组织基础。

（2）按照空间诱导产业的原理，优化与组织不同层次的国土空间，确定产业发展方向和可供选择的经济空间，提供广泛的就业机会。

（3）把交通、通信、电力、供水等作为战略工程项目，统一规划，组成空间网络，为提高产业要素、人口和信息空间流动性，提高空间效率提供物质基础。

（4）人类参与环境，以人类生产和生活环境优化、产业和人口要素自由流动与组合为最高目标，通过合理配置空间要素和产业要素，诱导产业的集聚与发展。从理论上讲，是能够把人与环境协调、生产与生活协调等目标、手段和效果统一起来，使国土空间达到理想的期望状态。当然，理想和现实之间存在着距离，但空间优化作为一种导向目标，将会在长期的实践过程中，沿着既定的目标去演进、去引导。

四、在实践中提高经济地理学的服务水平

在经济发展转入市场经济的条件下，在生产力布局的理论和方法研究上，有必要总结"产业组织空间"和"空间诱导产业"两个方面的国内外经验，并结合当地实际，做好服务。

（1）根据全方位开放的指导思想，建立区域发展的思路，克服资源本位开发的局限性。

（2）把区域政策研究提高到重要地位，因为政策、法规是约束或搞活地区开发的重要条件。

（3）生产力布局的空间结构有相对独立性，首先，空间演变往往滞后于社会经济发展；其次，空间结构优化与组织是智力思维活动所生产的特色资源，与一般计划，特别是受时间、条件严格约束的计划应有区别，前者是追求科学合理性

和技术可行性,后者则关注时间、资金、物质条件约束下的现实性。否定这种区别,就很可能会出现空间导向失误。

(4)空间目标是战略目标,必须由政策和法律加以保证。经济行为的惯性往往造成空间导向失误,产生极化,并形成恶性循环。政策的职能就是通过政策和立法,促进地区的协调发展。

(5)经济地理学的研究需要从宏观和微观两方面深入,宏观上要研究区域政策、法规和空间优化理论,微观上要运用技术和工程手段,解决不同空间尺度范围内各类开发区、人居生活环境等空间规划问题。

跨世纪县(市)域空间规划的理论和方法探讨

——绍兴县县域总体规划的实践

【摘要】 基于对当前世界经济一体化、跨越发展阶段的大转型期、高起点赶超战略构思等主要背景的认知,本文研究了县(市)域空间总体规划中基础条件、资源潜力、发展目标、"空间诱导产业"和"空间优化原理"的发展机制、总体框架以及编制工作的组织与协调等理论和实践课题。

一、规划背景——跨世纪的县域空间规划目标

绍兴县县域规划是面向 21 世纪,时间超前量为 25 年,分 2000 年、2010 年、2020 年三个时段安排的超长期远景目标。规划的性质是以物质环境空间规划为主体,对社会经济发展空间做出有预见性的规划安排。绍兴县是浙江的首富县,在做出未来远景目标预测时,在省内以至国内都没有可供参考的数量与形态结构目标参照系。为建立科学的规划目标,必须将其放在大背景下进行考虑,把握未来发展大趋势,判断发展的大转折时期和构思规划的高起点就成为建立规划要解决的首要问题。

(一)世界经济一体化、区域化和世界资源共享性的区域空间创造

当前的发展大趋势是世界经济一体化和区域化不断加强,任何一个国家、地区、城市以及乡村的经济发展都已卷入了一体化的大潮,世界资源共享性大大加强,创造一个资源共享的区域环境是本次规划的一大任务。

(1)现代科技的发展,创造了现代化、大型化、高速化的综合交通工具和通信手段,全球的时间距离不断缩短,由此引发了国家之间、地区之间、城市之间日益扩大的经济、文化和信息交流,信息时代和信息社会正在到来,经济发展的互相依存、相互制约、互相竞争大大加强,全球经济日趋国际化、区域化。这是

本文为 1995 年完成的内部资料,作者为宋小棣。

充满竞争和机遇的大趋势,一定区域,包括一个市、县、乡镇和一个村的经济都将无一例外地被纳入国际化的轨道。建立开放型的经济结构和空间结构,是本次规划的战略性任务。

(2)开发空间资源,培育自主发展、可持续发展的主体空间结构,建立"空间诱导产业"的空间发展机制。改革开放以来的市场经济发展,特别是乡镇和私营企业的发展,突破了过去的计划经济模式,使得空间利益多元化,要求创建"核心城市",创造地方经济能自主创新和参与国际竞争的主体空间结构与发展机制。超越国界发展的"小型城市"、具有特色的城市、"国家城市""国际性城市"等一些新的空间形象设计,都是近年来各国经济学家、社会学家和规划专家提出的迎接挑战的自主发展措施——它要求在一定区域内应发展核心城市来集聚生产力,创造具有经济、社会持续发展的,有活力的集聚空间,加速全面推进工业化和城市化进程。

(二)大转折——跨越发展阶段的转型期

本次规划比其他任何一次规划都更具有深远意义的原因就在于,今后的25年内社会经济发展要完成三个发展转型期。

(1)全面完成工业化,向信息社会迈进。整个社会经济发展将从几千年来建立起来的农业经济社会向工业化、信息化社会转变,经济社会发展达到20世纪80年代中期的中等发达国家水平,人民生活由小康向富裕社会过渡。表现在产业结构上,从"第二产业>第一产业>第三产业"的排序向"第三产业>第二产业>第一产业"的排序转变。

(2)规划的发展目标将完成由经济目标为主体依次向社会目标和环境质量目标为主体的转化。这要求建立现代化的社会发展目标,向环境质量不断提高的目标转化,实现环境可持续发展;要求把居民的社会生活环境依次从生存选优、生产选优向环境选优的方向转变。

(3)要求经济增长方式从量的扩大和粗放经营,逐步向依靠科技和创新机制,提高经济运行效率和产品质量的方向转化。

(4)要求空间结构由分散、静态利用为主的低水平均衡形态向城市化和城乡一体化的网络形态空间结构转化。

(三)高起点——着眼赶超的发展战略构思

即将跨入21世纪的这段时间是科技突飞猛进的时期,科技的发展和国际经验,先进地区发展经验都为未来发展起了导向作用。这要求规划既要遵循发展的连续性客观规律,又要求高起点、超前的经济社会发展战略思想,从规划思维和行动上正确处理好发展的连续性和阶段性关系。

1.目标导向——示范效应定向

绍兴县是浙江首富县,是省内经济发达的地区,规划目标在省内无先例可循,规划目标无论是状态目标还是数量目标均无现成的参照系,必须通过大量、广泛地吸收先进地区和发达国家的成功经验和成熟技术,结合当地实际,建立起高起点、超前的经济和空间发展战略。历史上有第二次世界大战战败国日本、德国迅速恢复与发展的经验,有亚洲"四小龙"发展的经验及其他一些国家发展的经验。所以,本次规划把在 25 年内达到中等发达国家 20 世纪 80 年代的水平作为县域发展目标的参照系。

珠江三角洲地区是我国改革开放的先行地区,邻近香港和澳门,经济发展速度较快,发展水平也超过浙江,我们在绍兴县县域总体规划纲要制定后,就组织规划人员去广东的顺德和南海这两个广东首富市参观,考察两个市的规划和实施经验。他们规划的大手笔、大产业、大思路及量化指标都是我们思考和确立本次规划目标的重要参考。

2.依靠科技和创新实现高起点发展

未来电子技术、生物工程、新材料和新工艺、现代化的交通运输技术日新月异,使任何国家和地区都处于十字路口或者说处于同一起跑线上。通过科技开发和创新技术应用,建立新兴产业群,改造现有企业,提高技术含量,就可为实现赶超提供必要的条件。由于技术开发和竞争是无止境的,技术开发的未来发展充满着机遇和挑战,抓住机遇就能实现超前发展。高起点就是发展中国家或地区迅速摆脱落后面貌,走向现代化,尽快赶上国际发展步伐的一个策略。

3.现状是历史文化、经济和人类智慧的总积累——未来发展的资源基础

现状、历史和地方特色是面向未来发展的重要资源,县域内的自然、经济、文化、风俗习惯、思维方式、社区组织、管理经验等都是可供开发和继承的资源,是塑造区域形象和设计特色形态的重要依据。但是,如果受现状的、历史的和前人思维的束缚,则往往会趋于落后,在面向未来发展的众多因素面前就会无能为力。反映到规划思维和行动上,将会形成与先进地区或发达国家之间的等距离追赶态势。所以,规划思维必须面向未来,打破因循守旧的思想,建立目标导向的规划,才能正确对待现状和历史,才能为县域的形态、形象设计提供科学依据和思想源泉。

(1)历史、现状、特色是代表前人文化、经济和人类智慧的总积累,是一种宝贵资源,通过积极的开发利用,可为未来发展服务。

(2)历史、现状和地方特色是本地主体性的代表,主体性越强,特色越鲜明,就越具有国际性;主体性是与国际文化、经济接轨的民族性思想源泉和动力,是建立具有归属感、凝聚力、向心力和创造力的县域实体的内在基础。

4.规划目标超前和阶段性发展

一个地区的社会经济发展和空间结构演变是一个过程,具有相对连续性和阶段性,任何打破发展连续性和超越阶段的规划安排都是有条件的。赶超战略构思导向的规划目标与条件包括:

(1)科技导向和人才资源开发,充分把握机遇,利用前所未有的科技和信息作为动力,创造新兴的产业群,革新传统经济领域,建立和发展人才资源的开发和创新机制。

(2)通过规划空间发展的时序安排,紧扣发展情况,进行平稳规划,突破重点,不断创造新的空间增长点和增长中心。

(3)加强空间发展要素的流动性,促进交流,开发空间资源,创造高密度的经济集聚空间。

二、推进城乡一体化,提高空间效率,优化人的生产和生活空间

加速工业化进程,实现城市化和城乡一体化,是提高空间效率,优化生产和生活环境空间的基本方向和途径。

(一)全面推进区域城市化——建立"空间诱导产业"的发展机制

城市是一定地域范围内最有经济和社会活力的集聚空间,是先进的科学技术、人才、信息、资金等集中分布的空间载体。根据工业化创造城市化、城市培育产业,创造新的物质文明的客观规律,打破农业经济社会所形成的低水平均衡的落后空间发展格局,适应市场经济和空间利益多元化的发展规律,通过大力加速县域城市化进程,建立开放型的县域经济结构和空间结构,建立"空间诱导产业"的新型空间发展机制,将有利于促进国土空间从静态功能利用,向动态功能即网络型开发转变,以便在未来发展中能及时捕捉发展机遇,促进创新和可持续发展,全面推进城市化、国际化,实现县域经济、社会、环境全面协调高速发展,把绍兴县建设成为经济发达、人民生活富裕、城乡和谐、环境优美的具有强大竞争力的开放型物质环境空间。

(1)推进县域普遍城市化,构筑县域中心城市和城镇群有机结合的城镇空间网络,为高密度、高效率利用国土空间创造条件。

(2)城乡结合,协调发展。通过城镇布局结构田园化,充实农村建设的城市现代文明基本功能,实现城乡一体化。

(3)创造国际化和地方特色高度结合的城市区域。

(4)建立综合性、快速化和立体化的县域交通网络系统,为经济运行、人口流动和空间活化创造条件。

(5)推动乡村空间、环境空间和城市空间组成分工明确,有机协调,融生产、生活和环境于一体的可持续发展县域空间。

(二)建立"一二三四五"的县域主体空间结构

为使县域空间结构优化,推动未来目标的实现,规划县域空间发展依照"一二三四五"的基本框架进行战略性安排,即一个中心,两个发展面,三级城镇空间结构,四块重点开发区,五大城镇组群。

1.一个中心

以"中国轻纺城—柯桥"为核心,组合华舍、齐贤、安昌、东浦,形成组团型县域中心城市。使其承担全县的政治、经济、金融、信息、商贸、教育、科技、文化等的中枢机能作用。城市远景人口规模 40 万人。

2.两个发展面

规划全县划分成南北两个发展面。

(1)以中北部网络化城镇群为主体的城镇连绵区发展面。位于县城中北部平原区,是全县经济最发达、人口最稠密、城镇密度分布最集中的地区,也是萧甬铁路、104 国道和 329 国道、杭甬高速公路、浙东运河东西横贯通过的地区,随着东西向的交通、通信、电力等空间网络建设的进一步发展与强化,大力促进城镇的联合、归并和组合,形成城镇连绵区。

(2)南部未来新型"生产—生活"空间发展面。南部为著名的会稽山,属低山丘陵区,山地丘陵植被良好,200m 以下低丘区以种植茶、竹、果、桑等经济林为主,250～500m 为常绿针叶林、针阔叶混交林、常绿阔叶林、落叶阔叶林等,600m 以上为针阔叶混交林、灌木林,保持着亚热带常绿阔叶林和针叶林的植被景观,自然环境优美,要改变长期以来以单一经济价值取向发展用材林和经济林为主的现象。现已建设兰亭国家森林公园、会稽山风景旅游区、吼山风景名胜区、舜王庙、大禹陵等自然人文景观。在开发时序上,应该随着城市化进展,将该片逐步改变为以美学生活价值取向和生态价值取向为主,建成新型的生活居住、大型休疗养基地和野游、狩猎、娱乐、登山等多样化的游憩空间,为北部城镇区居民缓解和解除疲劳、改善生活、恢复和培养健康身心服务。

3.三级城镇空间结构

(1)一级县域中心城市,以柯桥为核心,组合华舍、齐贤、安昌、东浦等镇的城市组团。为全县的政治、经济、文化中心。

(2)二级县域次中心,由五大城镇组群的中心城镇构成,包括钱清、斗门、皋埠、平水、鉴湖等。

(3)三级为镇域中心,包括杨汛桥、湖塘、王坛、兰亭、漓渚等13个镇(乡)。

4.四块重点开发区

对区位优势和创新意义优势最为明显的地域进行重点开发。

(1)城南开发区,位于绍兴市南部并与市区相衔接。

(2)齐(贤)安(昌)开发区,杭甬高速公路接口。

(3)斗门开发区,依托斗门镇和绍兴市区连接高速公路的接口,区位优势和建设条件良好。

(4)钱(清)杨(汛桥)开发区,分别为国家级和县级社会发展综合实验区。

5.五大城镇组群

(1)由以钱清为中心的钱清、杨汛桥、夏履、湖塘等五个镇组成,分布于绍兴县西部。

(2)由以斗门为中心的斗门、马山、马鞍、孙端等城镇组成,分布于高速公路以北的滨海区。

(3)由以皋埠为中心的皋埠、陶堰、富盛等城镇组成,分布于绍兴县东部104国道沿线。

(4)由以平水为中心的平水、平江、王坛、稽东、稽江城镇群,分布于绍兴县南部丘陵山地区。

(5)由以鉴湖为中心的鉴湖、福全、兰亭、漓渚等城镇组成,分布于绍兴县中部偏西的平原—丘陵过渡地区。

(三)重组并强化空间流动网络,为提高县域的开放度、整体性,促进城乡融合发展创造条件

(1)县道以上公路按二级公路标准建设,路网密度达到 $0.6km/km^2$,其中北部城市化区为 $1km/km^2$,山区为 $0.36km/km^2$ 。

(2)按可达性要求,各镇至县域中心城市设置两个以上的联系通道,时间距离控制在 $20\sim40$ 分钟;中心村至镇中心按两个以上通道、15分钟的时间距离进行规划设计;全县各城镇间最远点按45分钟时间距离进行规划设计。

(3)根据以上要求,县级及以上交通干道网以"三横二纵"为骨干,形成大、小两个交通环。三横二纵布局:三横为杭甬高速公路、104国道和104国道南线;二纵为绍(兴)大(诸暨大唐)、绍(兴)甘(嵊州甘霖)2条省道线,与市、县域的南北干线交通衔接;大交通环由中国轻纺城北环线和104国道南线构成,内环线由中国轻纺城外环线与绍兴市区北环线连接城南开发区组成。

(4)县道以上的主要公路、公铁的交接处,建设立体交叉。

(5)整理和统一布局高压输电线路走廊和变电所。

（6）按水源供应条件，规划分区供水，统一布局排污系统。

三、空间规划工作的核心——组织与协调

（一）空间规划属于一种政府行为，同时又是一种技术工作，必须由政府组织领导

根据绍兴的经验，按三个层次的规划组织系统。

（1）县域规划领导小组，由县长直接领导，组织各政府职能部门领导和专业人员参加，并在县城建局设办公室，组织规划实施。

（2）县域规划课题组，由专业规划人员组成，各职能部门的专业人员参加，负责规划编制。

（3）县域规划顾问组，由对县域社会发展和规划有深知灼见的资深人员组成，负责技术和决策的咨询。

（二）领导重视、直接参与是提高规划质量、权威性和可行性的基本保证

县域规划是战略性规划，规划构思和实施措施都需要领导把握，并去逐步实施。领导参与规划，实际上是全过程跟踪规划，提出要求，同时参与规划判断与决策。绍兴县领导自始至终主持了县域总体规划工作，包括工作大纲和规划纲要的制定、调查研究、初步方案的编制、阶段性成果的论证等。主管规划、城建、交通等工作的领导，也是专业技术人员，所以都参加了包括构思、重大问题论证和决策、规划纲要及文字的修改等工作。规划局几位局长、处长还会同有关部门同志去外地考察，学习先进地区的经验，而外来规划团队带来了规划理论和技术方法，充实了规划信息，特别是国内外规划与实践经验。上述各方结合是顺利完成规划任务，并使规划具有科学性和实践性的重要保证。

迈向 21 世纪的海洋开发

——迎接太平洋经济时代的到来

【摘要】 本文从世界文明史和经济技术发展的角度,分析了太平洋时代到来的必然性;归纳了构成太平洋时代的现代科学技术基础;阐述了为迎接太平洋时代的到来,环太平洋西岸地区应采取的经济发展战略。

一、全球经济战略中的沿海地带

近百年来,在海洋和海洋开发方面,从政治、经济、军事、文化等不同层面或地缘政治等方面所提出的战略研究,从来没有停止过。沿海地区及海洋是一个敏感区,常常成为军事行动的焦点,太平洋战争就是从日本偷袭美国珍珠港开始的,20 世纪 80 年代则爆发了英国和阿根廷的马岛战争。可以说,大国军事战略都是以控制海洋和海洋通道作为全球战略的重心。沿海地带也是国际通商或武装侵略的前沿和桥头堡,如我国的山东半岛、辽东半岛都曾被帝国主义侵占。此外,沿海地带特别是交通条件优越或对海洋通道起控制作用的地区往往是经济发达地区,如新加坡、日本、英国都是岛国,都是发达国家。

20 世纪初英国地理学家 H. J. 麦金德在英国全盛时期的历史背景下,写了《历史的地理枢纽》这一专著,该书被美国人称为"十本改变世界的巨著之一",与达尔文的《物种起源》、爱因斯坦的《相对论》相提并论。该书从全球战略角度提出了"陆心说"理论,即"心脏地带和外缘新月形地带"的概念,把欧亚大陆称为世界岛,把欧亚大陆内水系流向北冰洋的流域地区称为全球的心脏地带,其外围的西欧、地中海沿岸、印度和中国东部称为新月形地带,并根据离海远近分"内新月形地带"(包括德国、奥地利、土耳其、印度和中国)和"外新月形地带"(指欧亚大陆以外的大陆和海岛,其中包括英国、南非、澳大利亚、美国、加拿大和日本等)。其中心论点是"心脏地带"不但人力和物力资源丰富,而且船无法进入,海权国家势力无法进入,成为世界上最大的天然堡垒;向外扩张,可形成世界帝国;东欧则是进入心脏地带的大门。麦金德把他的全球政治战略归

本文原载于《浙江学刊》1995 年第 6 期,作者为宋小椟、韩波。

纳为：

谁统治东欧，谁就能控制心脏地带；

谁统治心脏地带，谁就能控制世界岛；

谁统治世界岛，谁就能控制世界。

这就是海权国家面临陆权国家兴起的严重挑战而提出的、在政治战略上影响长达一个世纪的理论。

从商业意义上看，麦金德把新月形地带范围界定在沿海通过四次装卸货物工序的水陆联运区和内陆两次装卸区（铁路、公路运输）内，与心脏地带分开；确切的分界线应由运费来决定——"在这条线上，四次装卸费、海运费与邻近海岸的铁路运费，等于两次装卸费和陆上铁路运费之和"；这个新月形地带通过越洋贸易，可形成从海洋通向大陆周围的渗透带。虽然此书的论点是政治性的，代表了英国人对陆权国家挑战的忧虑，后来又为德国法西斯地缘政治学的"生存空间论"所利用，但其作为一种地理学说是稳定而长期存在的。

美国的 N. J. 斯克曼在上述心脏地带论、陆心说基础上，提出了边缘地带学说，认为心脏地带周围的外缘地区拥有大量的人口、丰富的矿产资源和农业资源，故世界的关键地区不在心脏地带，而在这个内新月形地带。陆缘国家如果联合起来，则可通过天然通道进入心脏地带。他的名言是：

谁控制陆缘地带，谁就能统治欧亚大陆；

谁统治欧亚大陆，谁就能控制世界。

他认为，第二次世界大战是德国和日本试图通过军事侵略、统一陆缘地带的尝试。二战以后，在苏、美等大国的外交政策中，都可看到陆心说和陆缘说的痕迹，而且其至今仍在影响着大国的政策。冷战结束后，经济利益的驱动力加强，新月形地带论和陆缘说也在新形势下发展。世界各国的政治、经济学家，都把拥有海陆两方面优势的大陆沿海和海岛视为影响未来政治、经济和军事的战略地带。20 世纪 80 年代初，苏联的专家通过分析，进一步提出了"到 2000 年和 21 世纪初，世界 70％人口和经济将分布在距海岸 200 千米范围内的沿海地带"。

1982 年，日本国土厅在制订《第四次国土综合计划》时，曾把以海洋为中心的世界文明中心转移作为制订计划的战略背景之一，并绘制全球文明中心转移地图，认为世界文明中心经由亚洲的河流流域的农业文明，依次转向为地中海文明、大西洋文明和太平洋文明，并提出迎接太平洋经济时代的战略和对策。

当我们从一个新的角度来考察世界文明发展史时，就可清楚地看到古代文明的中心是亚洲各国，包括中国、印度、伊拉克等国家大河流域的农业文明时代，以农牧业为主体，以内河水运和陆上牛、马车运输为经济活动的空间范围，形成了黄河、长江、印度河、幼发拉底河等的河流流域农业文明。

接下来是地中海文明，由于地中海所处的特定地理位置和海陆资源、环境特点,形成了地中海文明。地中海文明是宗教文明,它哺育的不止一种文明,而是兴衰相继的多种文明。首先是西方基督教世界,或称罗马世纪,因为罗马过去乃至现在仍然归拉丁世界中心,后来又成为天主教世界中心,边界扩展到大西洋沿岸。其次是伊斯兰教世界,自摩洛哥越过印度洋直至美拉尼亚、印尼和菲律宾。最后是希腊世界,即东正教的世界,包括巴尔干全部、罗马尼亚、保加利亚、原南斯拉夫、俄罗斯,其中心是君士坦丁堡,1453 年改称伊斯坦布尔。地中海文明至今还影响着世界大部分国家。

千百年来,地中海沿岸汇集了世界万物——人、役畜、车辆、船舶、商品、思想,以至生活之道,甚至还有植物。地中海国家的原产作物除柑、橘、葡萄和小麦外,大部分被认为是地中海地区优良植物的,都来自大洋彼岸的遥远国家,香橙、柠檬和红橘由远东的阿拉伯人带入,仙人掌、龙舌兰、芦荟和仙人球来自美洲,桉树来自澳大利亚。原地中海是由常绿阔叶灌木林、灌丛和一般低于2.5米的小乔木组成的浓密灌丛植被。

地中海之所以成为世界经济、文化和思想的交汇地,是由它在全球的地理位置和海洋的特点所决定的。地中海是一个陆间海,位于南欧、北非和西南亚之间,面积251万平方千米,东西长4000千米,南北宽800千米,西经直布罗陀海峡与大洋相通,海峡最窄处为13.5千米,东北经达达尼尔—马尔马拉海—博斯普鲁斯海峡入黑海,平均水深1429米。地中海的岸线曲折,岛屿和港口众多,半岛伸入海中分割形成海中海,如爱琴海、马尔拉海、亚得里亚海等,主要港湾有直布罗陀、马赛、热那亚、那不勒斯、威尼斯、的里亚斯特、雅典、伊兹密尔、伊斯坦布尔、贝鲁特、赛得港、的里皮黎、突尼斯和阿尔及利亚等。地中海沿岸主要国家包括埃及、以色列、黎巴嫩、叙利亚、土耳其、希腊、原南斯拉夫、阿尔巴尼亚、意大利、法国、西班牙、摩洛哥、突尼斯和阿尔及利亚等。这些国家在地中海都有港口。在轮船未发明前,交通工具以帆船为主,由于地中海的面积不大,所以各国之间海上交通方便,交换频繁,同时又处于各大陆的通道上,这种海陆环境的结合,使地中海沿岸国家的经济文化交流方便。而在帆船时代,大西洋和太平洋由于海洋辽阔,风浪大,航海技术制约着沿岸国家的经济往来。美洲当时是未发现的新大陆。

大西洋文明是产业革命时代的产物。18世纪以英国工业革命为起始,蒸汽机和轮船的发明,无线电通信和海底电缆通信技术的发展,使人类克服海洋空间距离障碍的能力大大提高。新大陆的发现和后来殖民地的开发,使大西洋沿岸国家形成了经济、文化和思想联系的中心,可称之为大西洋工业文明时代。

大西洋是世界第二大洋,位于欧洲、非洲和南北美洲之间,面积8240万平方千米,为地中海的32.8倍,呈S形,北连北冰洋,南至南极洲大陆,在赤道附近海洋的东西宽约为2780千米。由于两侧大陆均向大西洋倾斜,大西洋接纳了地球上大部分的大河流,如圣劳伦斯河、密西西比河、亚马孙河、拉普拉塔河、刚果河、尼日尔河、卢瓦尔河、莱茵河、易北河,流域总面积 4323 万平方千米,比流向太平洋的河流流域面积大 4 倍。其海岸线曲折,港湾众多,主要海湾和内海有加勒比海、墨西哥湾、圣劳伦斯湾、哈得孙湾,东侧有加勒比海和波罗的海,主要岛屿有斯匹茨卑尔根岛、熊岛、格陵兰岛、冰岛、不列颠群岛、亚速尔群岛、佛得角群岛、大小安得列斯群岛、百慕大群岛等。大西洋上分布着众多的现代化大港,如汉堡港、鹿特丹港、伦敦港、新奥尔良港、纽约港等。大西洋也是地球上渔业资源最丰富的海洋,北海、亚非、墨西哥湾等都是著名的渔场。大西洋沿岸分布着法、英、德、西班牙、葡萄牙、北欧和波罗的海诸国、美国、加拿大、巴西、阿根廷、墨西哥等国,大西洋沿岸是当今世界经济最发达的地区,美国东部沿海和西欧是世界上最大的两大经济板块,大西洋沿岸国家的经济总量占全世界近60%,人口只占世界 1/4 左右。除日本以外,西方 6 个发达国家都分布在大西洋沿岸(北美经济实力也靠大西洋)。

大西洋沿岸国家是现代工业和资本主义文明的中心,其经济在全球具有举足轻重的地位。由于现代交通通信工具的发展,包括现代化的船舶技术、航空技术和通信技术的发展,沿岸国家的人流、物流、信息流早就连成一体。现代喷气式飞机从伦敦到纽约只需 2~3 小时,构成了大西洋工业文明的技术保障,它把大西洋的空间—时间尺度缩小到了中世纪帆船时代的地中海。但现在大西洋沿海发达国家的能源和战略资源不足,有赖于外地输入。

太平洋经济时代。第二次世界大战后,太平洋沿岸的很多国家从西方殖民统治下获得解放,走上了经济独立发展的道路,日本以战败国地位在经济上走向繁荣。太平洋西岸各国独立后,经济恢复和发展很快,特别是东南亚各国和中国,其经济发展速度都超过了全球发展平均水平。进入 20 世纪 80 年代,太平洋西海岸成了世界经济发展最快的地区。世界各国著名的经济学家、政治家都提出了太平洋经济时代的新展望。

太平洋是世界最大海洋,面积为 16600 万平方千米,占地球面积的 1/3,为大西洋的 2 倍,地中海的 66 倍多;南北向从南极大陆沿岸到北部白令海峡,跨135 个地理纬度,宽约 15500 千米,东西最长为 21300 千米。如此浩瀚的大海,靠帆船和一般的船舶是无法实现有效的经济联系的,所以长期以来太平洋沿岸的经济活动以沿岸地区为主,如太平洋西海岸,北美西海岸和中美洲沿海等,越洋联系要靠现代化大型的交通工具。但一旦克服了海洋空间的障碍,太平洋沿岸的资源潜力和经济容量将远远超过大西洋沿岸国家,太平洋经济时代是在现代交通、通信技术发达的基础上提出来的。驾驭现代经济的技术主要是通信、海运和航空运输的现代化及海洋技术的发展,现代卫星通信、遥感资源调查和监测、卫星导航和定位系统的应用,海底通信光缆的铺设,从通信、导航、全球定位、海洋灾害预测,把地球浓缩为"地球村";现代轮船大型化、高速化、集装箱化的发展,克服了越洋运输的经济效益问题和技术问题,而航空技术的发展使太平洋东西海岸之间的客货联系时间距离由过去半个多月缩短为一天,从上海到美国的洛杉矶亦只要 11 个小时,航空越来越成为太平洋沿岸国家之间经济联系和人员往来的重要交通工具。太平洋已成为沿岸国家的内海。早在 20 世纪 70 年代初,美国就有人称北美大陆已成为一个两大洋间的孤岛。这种全球观念的形成,都与太平洋经济时代的技术保障体系的形成和成熟相关联。

二、太平洋经济时代的太平洋西海岸经济发展战略

100 多年前美国国务卿 H. 约翰曾预言,地中海时代已过去了,现在是大西洋时代,未来是太平洋时代,现在看来这个预言有希望成为现实。进入 20 世纪 80 年代以来,世界各国著名的政治家、经济学家都先后提出了"21 世纪是太平洋世纪"的战略性论题。"迎接太平洋经济时代的到来"已成了热门课题和太平洋沿岸国家的具体行动。太平洋西海岸的亚太地区占有世界人口的 1/4,全球 1/5 的面积,1/3 以上的经济活动,同时在文化、语言、宗教、政府机构和历史等方面比全球其他地区更具有多样性,除自身的经济、文化发展外,几乎承袭了地中海文明、大西洋文明时代的全部优秀文化。1993 年,太平洋区域的贸易第一次超过了大西洋区域。1991 年以来,亚洲已成为美国的重要市场,亚洲占美国出口额的 26%。整个 80 年代,东亚和东南亚的经济每年增长 8%(全世界为 2.5%),而且增势不减。

为迎接太平洋时代的到来,各国各地区都已从研究走向行动。太平洋沿海各国,特别是太平洋西海岸各国,包括中国、日本、韩国、印尼、新加坡、马来西亚、菲律宾、泰国等国家,都进行了面向 21 世纪的经济发展战略研究和部署,从经济发展预测、产业层次转移、空间区位优势利用、经济集团组合和战略工程建设等方面开展研究和实际操作。太平洋西海岸是现在和未来经济发展速度最快的地区,也是经济实力和人口增长最快的地区。当然,这与太平洋沿岸的大陆地理环境和发展历史密切相关。太平洋西海岸是亚洲大陆向海洋倾斜,海岸线曲折,岛屿分布最多和人口密度最高的区域。流向太平洋的主要大河在太平洋西海岸,如中国的长江、黄河、黑龙江,东南亚的湄公河等,这为经济发展提供了丰富的水资源和广袤的腹地。同时,沿海的日本群岛、菲律宾、印尼等一系列岛国和朝鲜半岛、东南半岛、马来西亚半岛等都是海洋经济和海运业发展潜力很大的国家。而太平洋东岸的美洲国家,如北美的加拿大和美国,受太平洋东海岸平行山脉的屏障影响,倾向于太平洋,北美的海岸山脉北自加拿大,沿美国加利福尼亚州、俄勒冈州直至墨西哥,绵延 7242 千米,但山地直逼海岸,岸外仅有宽约 40 千米的滨海过渡区,随即便进入深海区;南美洲有安第斯山分布在智

利和阿根廷海岸,并南北向延伸,沿海地带开发利用条件难以与开阔的西海岸大陆和岛屿相比,经济发展容量受到限制。所以,太平洋西海岸带的开发和经济发展特别受人瞩目,未来有潜力成为太平洋经济区域的中心地带。美国、加拿大、澳大利亚虽属西方经济发达国家,但为适应未来发展,也在研究和调整经济发展的地区重点,从战略上重视太平洋经济的发展和联系。1993 年在美国洛杉矶召开的亚太经合组织会议上,有许多国家的首脑参加,这是太平洋经济时代到来的重要标志。

为迎接太平洋经济时代到来,并在未来的经济竞争中争取主动,亚洲沿海各国家和地区,都先后制定了加速经济发展的战略,与沿海开放相联系,从下列四个方面创造条件,争取在竞争中处于有利地位。

(一)沿海港口城市的建设

首先,加速开发沿海港口,推动中心枢纽城市(在我国称沿海国际性城市或国际城市)的发展,增强其金融中心、贸易中心和信息中心的作用,如日本的东京和大阪、新加坡、中国的上海和广州等。上海发展战略研究成果明确上海要与国际经济接轨,发挥国际金融、贸易、信息和工业中心的作用;大连、广州也相继提出建立国际性城市的战略,因为全球经济一体化的趋势使沿海国际性城市不仅是国家经济的主要组成部分,而且还应该成为世界经济的重要组成部分。其次,促进区域经济集团化,包括酝酿中的亚洲国家共同体。1995 年在印尼万隆举行的亚洲第一次首脑会议,主要目标就是减少各国商业壁垒,以创建最大规模的市场。东盟已实行自由贸易计划,北美自由贸易区已建立,东亚经济贸易区亦在酝酿中。我国沿海的渤海经济圈、以上海为中心的长江三角洲经济圈和华南经济圈都已勾画出轮廓。日本、韩国还提出了南海经济圈的构思。总之,国际性城市和区域经济贸易发展战略,几乎成了各国应对太平洋经济时代发展的基本战略措施。

(二)亚洲港战略

太平洋沿岸国家的大宗资源和能源分布不均,粮食输出地区主要集中在北美、澳大利亚和南美的巴西、阿根廷;铁矿石分布于巴西、澳大利亚、印度;煤炭分布于澳大利亚、中国、美国和巴西;石油资源则要从西亚的阿拉伯地区运入。由此可见,太平洋西海岸是能源、资源、粮食不足的地区。太平洋沿岸国家之间的资源调配需要依靠越洋运输,由于跨越太平洋的远距离运输必须与全球经济一体化和船舶大型化、高速化、集装箱运输等发展趋势相适应,故建设以深水港为特色的国际枢纽大港,就成为融入太平洋经济时代的重大物流战略,重点是建设能靠泊 5 万~30 万吨不同等级船舶的深水枢纽港,满足大宗矿石、煤炭、原油、粮食等散货运输和第四、五代集装箱运输要求。开发深水港是参与世界经济竞争的重要手段之一，20 世纪 80 年代以来亚洲各国各地区都提出了亚洲港（国际枢纽港）战略，如日本的北九州、神户港，新加坡，菲律宾等。我国以上海为核心，联合南通港、张家港港、宁波港、乍浦港、舟山港等，组成东方大港战略，构成我国迎接 21 世纪太平洋经济时代发展战略的重要组成部分。浙江宁波—舟山水域，拥有国内最多的深水岸线资源，可建 5 万～30 万吨级泊位的岸线长近 200 千米，现在宁波北仑港、舟山老塘山、岙山的岸线已初步得到开发，还有马迹山、大衢山、六横岛、大榭岛等 20 多个港址有待开发，它们将共同组成以上海港为核心的、长江三角洲经济区的国际枢纽港——东方大港。此外，北方的大连港、青岛港和秦皇岛港，南方的厦门港、湄洲湾港，广东的深圳、黄埔港等，都在积极规划与快速建设之中。

（三）国际空港的建设

建设大型、全天候的国际空港也是太平洋西海岸各国沿海经济发展战略的重大举措。日本已建有东京成田国际机场；已初步建成的大阪关西国际机场，将成为亚洲客运量最大的空港——机场距海岸 5 千米，面积 5 平方千米，是填海而成的人工岛；跑道长 1.65 千米；高四层、长 1600 米的航站楼总面积为 37 万平方米，为一座玻璃—不锈钢的组合建筑，是当今世界上最现代化的国际机场之一。我国上海浦东国际机场将建成世界一流的国际机场，沿海地区的海南、广州、深圳、厦门、南京、天津、杭州等城市也都在改建或新建大型国际机场。大型国际航空港的建设将满足 21 世纪航空业发展更安全、大型化、更快速、更舒适等标准和要求，成为促进全球国际化的空间桥梁。

（四）环太平洋越洋通信系统和信息处理系统的建设

跨越太平洋的现代化通信光缆正在相继敷设，如中—韩—俄海底光缆、中—日海底光缆以及东南亚各国通往欧洲的海底光缆等，说明全球通信网络在太平洋经济时代具有十分重要的功能和作用，它与各国信息高速公路建设相结合，把世界连成一体。这将对人们的教育和购物、人口空间再分布以及其他经济活动等，产生不可估量的影响，在很大程度上改变社会的生产方式和生活方式，同时也会极大地冲击传统的管理思想。

卫星遥感技术的开发，全球卫星定位系统和导航系统的建设，将为航行于太平洋上的各种船舶安全提供高质量监控、高效率调控的强大支撑，为海洋环境和资源的开发利用、自然灾害的预报及防灾研究等提供全方位服务。环太平洋地区将在经济一体化过程中，凭借其区位优势、资源潜力和经济高速发展而成为世界经济中心，而现代技术包括海运、航空、通信技术手段则是其可靠的保障。距离在一定意义上已被技术所征服,这就是太平洋经济时代的真正含义。

太平洋经济时代是人类社会发展到一定阶段才到来的,它是经济不断发展、技术革命征服空间距离的必然结果。从某种角度看,征服横跨太平洋的超级空间距离,通信技术已经将其时间缩短到一分一秒或者几乎没有;航空工具将其时间缩短为 12 个小时以内;大型化、高速化巨轮所花时间已经趋近于大陆上火车运行 1000 千米的时间。卫星通信与导航技术、监测与预报技术为太平洋空中、海上的安全航行提供了技术保障。太平洋经济时代就是建立在这样的现代科学技术基础之上的。

延安新区北区(I期)城市设计和实践的方法论思考

【摘要】 本文以马克思主义哲学和科学方法论为指导,从可持续发展思想、空间结构优化原理和整体资源观的视角,探讨了城市设计中生态与安全、空间—功能结构组织以及地方特色与现代化相结合等三个问题的认识方法和研究方法,及其在延安新区北区I期开发实践中的应用。

毛泽东曾指出:"我们的任务是过河,但是没有桥或没有船就不能过。不解决桥和船的问题,过河就是一句空话。不解决方法问题,任务也只是瞎说一顿。"①方法包括认识方法和实践方法,其中认识方法起决定性作用。科学方法是为研究和解决问题,主体采用的基于事物本质和内部规律性认知和运用的工具或手段。客观事物的规律(或本质、必然性)是方法的客观依据;当规律被用于解决问题时,规律本身就转化为科学方法。因此,我国政府特别强调要遵循自然、经济和社会规律,遵循城乡发展规律,一是警示只有认识并运用规律,才能做好规划;二是提出任务的同时,也给出了完成任务的方法。科学研究方法论原则是保障研究活动具有科学合理性的根本法则,也是科学与非科学或伪科学划界的准绳。以马克思主义哲学为指导的科学研究方法论有十大原则,即实践观点、客观性、整体性、运动发展、定性和定量相结合,以及客观经验基础、合乎逻辑、确定性原则、简洁性原则和可检验与可操作性原则。它们是指导和保障规划研究活动具有科学性的行动指南和判别准则。

延安是中国的革命圣地,也是国务院首批公布的 24 个历史文化名城之一。在西部大开发战略、革命老区振兴规划、能源安全战略等国家战略框架中,延安被《全国主体功能区规划》列入国家层面的重点开发区域,迎来了难得的发展机遇。延安地处黄土高原丘陵沟壑区,分割、破碎、大高差的地貌地势条件,使其在空间发展上面临着许多复杂的挑战和制约。为此,2011 年延安市提出"中疏

本文作者:贺文奎,博士,注册规划师,规划设计总监(澳大利亚 PDI 国际设计有限公司武汉分公司总经理);韩波,教授,注册规划师,总规划师;李光安,高级规划师,注册规划师,副总规划师。韩波执笔,贺文奎修改、定稿。作者单位:天尚设计集团(TSSJ.COM)。

①毛泽东.关心群众生活,注意工作方法[M]//毛泽东选集:第 1 卷.北京:人民出版社,1961.

外扩、上山建城"、保护圣地、安居百姓的城市发展战略,并对新区提出"宜居、宜业、宜游"三大发展目标。(见图1)。

图1 延安新区北区位置

2013 年 10 月,我们通过国际招标,正式介入延安新区北区(以下简称北区)的控制性详细规划(以下简称控规)和城市设计工作,前后历时 6 年(见图2)。

图2 北区控规优化设计方案中标公告

这个项目非常复杂,任务多种多样,协调也是个难题。有鉴于此,我们以十大科学方法论原则为指导,注重调查研究,注重分析与综合研究,注重"区划思维—土地利用规划"和"综合思维—复合集成规划设计"等方法的运用,紧紧围绕生态与安全、空间组织优化、地方特色与现代化相结合等三大重点课题,对新区物质环境空间的塑造与规划进行探索。2015 年 2 月,中央领导视察延安新区时对我们的总体思路及解决方案给予了高度的评价。2016 年,在前期工作的基础上,我们受托编制新区控规和Ⅰ期城市设计成果。2019 年 7 月 26 日,延安市人大常委会批准规划设计成果①,将其率先上升到了地方法规。如图 3 所示。

图 3　北区控规和设计成果批准公告

一、注重生态与安全导向的设计方法论

延安地处陕北黄土高原丘陵沟壑区,地质构造复杂。由于山体高差较大,改造建城成本较高大,因此川谷地带一直是城市建设用地的主战场,形成了"Y"形的带形城市结构。现有人口 50 多万人,建成区面积仅为 36 平方千米,密度超负荷,人地矛盾突出。因此,"中疏外扩、上山建城",拓展连片型新型空间,克服山体障碍,提高空间效率,是延安解决空间局促、城景争地、交通拥堵、功能混杂、保护不足等实际问题,谋求发展的必然选择(见图 4)。

延安新区北区核心建设区规划面积约 24.60 平方千米。按照划定"零线"的方法,经统计,土方平整用地总面积为 2273.51 公顷,其中挖方区为 1042.75公顷,占总面积的 45.86%;填方区为 1230.76 公顷,占总面积的 54.14%。② 填方区与挖方区呈现"犬牙交错"的无规则带型分布。新区削峰填谷工程大,土方量挖填达 5.7 亿立方米,是三峡大坝的 2 倍。在湿陷性黄土上进行大规模的城市建设,其工程难度也是世界少有的。平整后的场地如何安全地利用? 如何高

---

①延安市人大常委会关于《延安新区控制性详细规划》和《延安新区一期城市设计导则》的决议[EB/OL]. (2019-07-26)[2020-02-05]. 中国延安人民政府网,http://www. yanan. gov. cn/xwzx/bdwy/390255. htm.

②根据西北院所做的控规统计。

效利用？时序上怎么安排？是规划设计首先面临的、涉及新区北区总体布局的大问题。对此，当时的讨论很多，观点却各异。

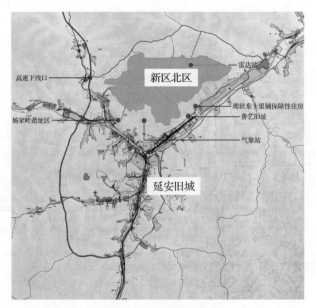

图 4　延安新区北区位置

观点一：在平（削）山填沟地区的建设必须进行地质稳定评估，建筑应以多层、低层为主，填方 5 米以上地区禁止建设高层建筑。

观点二：建设用地以挖方区用地为主，结合部分填方不超过 40 米的区域；填方较浅区域土质较稳定，但不宜布置高层建筑，适宜布置低层和多层建筑功能；填方较深（超过 40 米区域）不适宜进行开发建设的土地，布置绿化生态用地。

观点三：场地在区域地质上是稳定的，适宜工程场地建设；排水管线与市政道路对不均匀沉降要求是相匹配的；建议在挖方区和填方高度较小的区域布置高层或较为重要的建筑；在填方高度较大的区域布置低层或多层建筑。

综合分析与论证新区开发建设的各种可能性、可靠性和可行性，既能保障建设工程安全，又能充分利用土地资源，还能降低建设成本。需要遵循以下五个主要方法论原则。

（1）因地制宜和整体性原则。城市建设用地是一个整体，各种类别用地都有其功能，对地基条件的要求各不相同，可以因地制宜。

（2）确定性应对原则。重大设施、城市生命线工程等近期开发与建设项目，必须保证绝对的安全与可靠。避免以不确定性或未知去解决问题。

（3）摸着石头过河原则。新区建设是个渐进过程，填方区沉降也是一个变化过程。因此，填方区的利用可以分步走，由浅入深，由点到面，逐步探索。

（4）经济高效原则。寸土必争，地尽其用。挖方区和条件好的浅层填方区，应尽可能提高开发强度。

（5）定性定量结合原则。既要区分挖方区与填方区，也要依据不同的填方深度，客观、具体地评估土地利用的安全程度和可建性程度，避免一刀切而浪费土地资源。

依据上述五项原则，通过调查研究，我们得出六点认知，进而据此勾画出新区北区不同时段的土地利用及其复合集成的规划构思（见图5）。

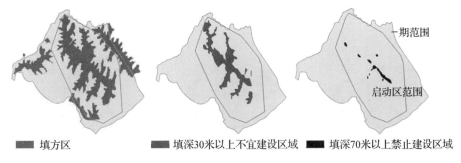

图5　北区不同深度的填方区（以启动区为例）

（一）六点认知

（1）0～5m 的填方区域面积很少，5m 以上的填方区域占绝大多数。如果在填方 5m 以上地区禁止建设高层建筑，则可能会制约很多土地的利用价值。

（2）40m 以上的填方区几乎占新区的一半面积。如果这部分土地不适宜作为开发建设的土地，只能布置绿化生态用地，那么，新区用地开发的经济性将很难得到保障。至于填方区将来的实际变化究竟会如何，目前也无确切、可靠的定论。因此，上述观点仍有论证的必要。

（3）新区建设工程没有成熟的国内外经验可借鉴，目前所提出的工程措施还属试验性质。因此，填方区沉降的安全性问题及其应对，还需要通过规划、建设、管理及后期维护等多种手段来检验。

（4）区别对待填方区和挖方区，应特别重视挖、填方交界地带的土地利用安全问题。

（5）除建筑地基外，应重视道路、市政管网地基的安全问题。

（6）规划方案应与地形条件紧密结合，并进一步落实到用地布局，尤其是近期用地布局规划。

（二）新区北区土地利用控制与复合集成利用

着眼于长远发展，结合填、挖区域的特点，对北区建设实行严格的分时序控制,以期解决新区建设中不可预见的安全问题。同时,从功能复合的角度,积极利用好受限制区域土地,发挥其内在价值,为新区建设稳步、健康推进创造条件。见图6和图7。

1. 近期建设

(1)填方深度70m以上区域为禁止建设区,规划为永久性绿地。

(2)近期建设应严格限定在挖方区,应尽可能地提高用地效率,提高生活生产要素的集聚度。同时,考虑沉降区的过渡期利用,已做地形平整的一期范围内填方区,通过种植园林植物等方法,建设为临时性绿地。

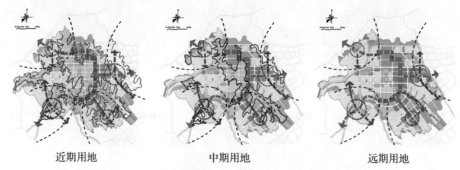

近期用地　　　　　　中期用地　　　　　　远期用地

图例 —— 挖填交界线 —— 30米填方线 —— 70米填方线

图6　北区分期实施策略:先建挖方区,再建填方区

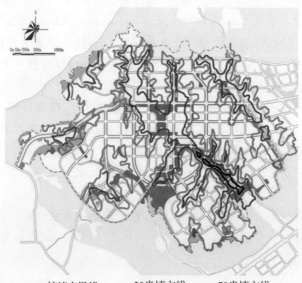

—— 挖填交界线　　—— 30米填方线　　—— 70米填方线

图7　北区绿地系统、生命线工程与填、挖方区关系

(3)主要道路是承接生命线功能的干道,应尽量布置于挖方区;近期在挖方区形成一条环路主干线;近期路网依托环路尽量避开填方区域,建设自成系统;待远期填方区沉降稳定后再进行大规模建设。结合城市市政生命线主干网,建议采用综合管沟的方式进行铺设。

(4)利用填方较深的区域或地带,布置城市绿地或生态防护带,由此形成组团化、生态安全的城市格局。利用高填方地段,结合场地设计形成生态排水通廊,由这些生态通廊界定、形成组团状的城市格局。

(5)当某些建构筑物受建设时序及建设条件限制,非得在大面积填方区建设时,应采取切实可行的措施,并经专家论证后,方可推进实施。近期在布局建筑时,应使建筑体留足临填方区侧以及挖、填方交界线的安全距离。

2.中期建设

(1)可在填方较浅的地段,进行实验性延伸,完善设施配置及空间结构。

(2)填方深度 20~30m 以下的填方区域,在进行充分论证后,可作为中期开发建设区,进行试验性适度建设。

(3)建议填方深度 20~30m 以上填方区域,在中期仍不作为城市建设用地,保留为临时性绿地。

3.远期建设

(1)待填方区沉降稳定后,视情、有限度地进一步开发填方 20~30m 以下的填方区,扩展远期路网及用地,最终形成完善的用地布局。

(2)按照组团布局、周边环境及发展需求,构建差异化的发展模式,营造独具特色的城市空间格局。

二、注重"空间优化原理"导向的设计方法论

F.佩鲁提出的新发展观认为,发展应该是整体的(内部各组成部分之间的联结)、综合的(不同部门之间直接或间接的作用和相互作用)和内生的(应该注重理应受到尊崇的文化价值体系,而不是仅仅是能够精确计算的价值体系)。[①]

从国外区域与城市规划的理论与实践来看,空间规划的特点是把人类参与环境发展目标作为规划整体目标,发挥"空间优化原理"和"空间诱导产业"作用,建立吸引并集聚全方位、多层次的生产要素和人力、智力资源,促进城市发展,建立空间—环境—经济社会活动系统,协调人、发展与环境、资源之间的关系,实现三个效益统一。[②] 实施空间优化规划的操作方法是土地利用规划方法

①(法)F.佩鲁.新发展观[M].张宁,等译.北京:华夏出版社,1987(1).
②宋小棣.区域规划的理论和实践[C]//国家科委农村技术开发中心.中德区域规划方法研讨会论文摘要汇编,1988.

和复合集成规划设计方法。土地利用规划主要研究空间结构、片区或地块划分及其利用方向、相邻关系及协调等三个方面;集成复合规划设计方法着重解决在城市功能、生活功能相对集中的区块,把互相关联的经济、社会、文化、办公、娱乐、学校、生态休闲等活动功能,尽可能复合集成于最小地块和建筑群中,形成紧凑型的中心结构,生产出优化的、高效率的物质环境空间单元。以科学方法论原则为指导,结合当地实际,可以派生出这两种方法的三个操作原则:(1)结构优化,质量提升,社会公平,落实整体性和动态发展原则;(2)资源节约,生态平衡,利用安全,体现发展目标的逻辑和实践原则;(3)运行高效,管理方便,体现简洁性和可操作原则,即"要精,要管用的"。

从国内来看,《国家国民经济和社会发展"十三五"规划建议》提出了"创新、协调、绿色、开放、共享"五大发展理念,中央城市工作会议提出统筹空间、规模、产业三大结构,提高城市工作全局性的要求。筑巢引鸟、产城融合与综合发展,已经成为国内许多城市新区规划建设的主要理念和实践方法。在延安新区北区规划设计中,如何针对现有建设及已审批项目较为零散的现状,以产业引导、产城融合以及协调发展的眼光重新审视、梳理和整合各个功能板块,适应"宜居、宜业、宜游"的新城市定位?

(一)统筹现代化城市功能和建设目标

"宜居""宜业""宜游"本身就是一种良性互动的关系,没有"宜业"就不会有"宜居","宜居"必然"宜游",而"宜游"也是"宜业"的重要组成部分。北区的发展目的不是一般意义上的新区化产业发展,更不是单纯的住区卧城,而是要做到居住、配套、产业的综合化发展与平衡,处理好"城区—园区"的关系,实现产城融合;处理好"城区—住区"的关系,优化住区环境;处理好"城区—景区"的关系,实现景城融合,最终实现宜居、宜业、宜游的发展目标。

为此,我们把北区功能定位分为四个大类,进行有机的整合和优化。(1)优先功能:北区是延安"中疏外扩战略"的先行区域,并与老城区紧密合作,形成互相依赖、互动发展的有机整体;(2)核心功能:以市级行政服务中心、文化博览中心、现代商务中心等为先导,带动北区的启动与发展;(3)主体功能:由教育医疗、健康养老等民生服务业,金融、保险、商贸等现代服务业,休闲娱乐等旅游服务业,大数据等新兴产业,集聚并形成辐射区域性的经济中枢机能;(4)基础功能:创建宜居的、多样的人居生活品质环境,形成基于生态特色的现代化、复合型新城区。

(二)强调功能辐射、融合和效率的空间整合

针对当时业已形成行政、商务和文化三大中心,但布局较分散,功能较混杂的现状特征,规划提出了"创新融合"的发展模式:依托三大中心向周边辐射发

展形成三大功能区块,区块之间及区块与周边组团间形成多个交叠空间,多个功能圈交叠形成多个复合功能区,由中央环路串接,构成反"C"形态的创新融合环,最大限度地集聚多种城市功能业态,强化与老城区的功能联系,整体、联动、差异化组团发展,形成以"8个居住圈(杜家沟、杜家沟北、杨家岭、尹家沟、桥沟东、核桃树南、刘万家沟和刘万家沟东)、6大产业轴(中央、文教、文化、商务、健康休闲和商贸)、5条游憩带(文化旅游、山地游憩、地域风貌、生态游憩和时尚游憩)"为核心载体的功能结构,中轴、向心、环聚＋大疏大密、复合生长的高效率空间形态,来发挥"空间优化原理"的机制作用,促进功能提升和结构优化,推进北区可持续发展,如图8所示。

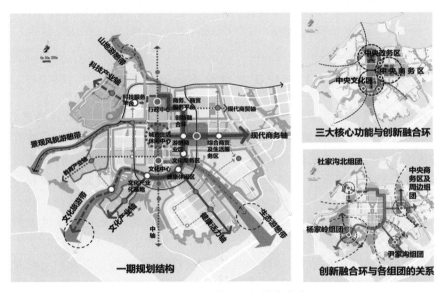

图8　北区功能—空间结构整合

(三)兼顾土地利用、社会公平和产业发展的空间复合集成

新区北区有较多填方40m以上的宝贵土地资源,可以在不同的时段,复合利用于永久性的生态绿地公园、湿地生态公园、体育运动公园,或是临时性的观光绿道、游乐场所、商务展览等活动,创造出可观的附加价值。此外,还可以平衡和提升城市各个区块生活环境品质。因此,我们重点梳理、明确空间联系导向,通过支路系统等要素,进一步将绿廊整体联通,形成完整的网络,并构建了由周边绿廊至组团内部空间的全渗透体系。在加强组团内部联通的基础上,进一步强化各级公园、绿廊的横向环状联系,把公园、廊道与城市安全、社区公平、产业发展等功能复合起来,进行综合集成设计,形成一个更为开放、更为网络化的空间体系,如图9所示。

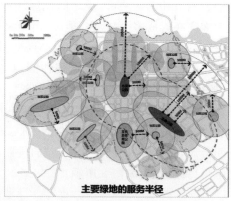

图 9 北区多功能复合的生态绿地系统

三、注重地方特色与现代化有机结合的设计方法论

特色的本质在于差异性及其内在价值。城乡特色是一定地域内自然、产业、社会和文化等各个要素构成的综合体,显著区别于城市或其他地方,并有特定的价值。特色是一种经济资源,差别造就特色,特色构成发展机遇,并成为可利用的优势资源。如黄山、绍兴与韶山等无一不是基于特色资源的开发利用而闻名于世的。[①]

城市是一个开放的系统,其发展的资源观和空间观,早就已经从过去的以本位物质资源开发利用的推动为主、局限于本地范围及平面利用,转向了本位资源开发与区位利用相结合、本地市场与外部市场利用相结合以及加上时间维度、虚拟空间维度的"对流促进型"的四维空间利用结构方式。旅游立国、文化立国已成为推动地区发展的一个重要的战略措施。[②③] 延安是历史文化名城,自然和人文旅游资源丰富,共有各类文化文物遗址5808处,其中革命旧址445处,列入国家重点文物保护单位的有枣园、杨家岭、王家坪、宝塔山、凤凰山、南泥湾等6处(见图10)。如何充分挖掘、传承和利用好宝贵的精神和文化资源,扩大延安与外部的交流,由此促进经济社会和环境的可持续发展,也是一个很重要的课题。

①韩波,顾贤荣,李小梨.浙江省村镇体系规划中产业、公共服务和特色规划研究[J].规划师,2012(5):10-14.

②宋小棣,韩波.世界资源共享论和国土空间相对论[J].浙江学刊,1990(3):41-43.

③姜雅,闫卫东,黎晓言,等.日本最新国土规划("七全综")分析[J].中国矿业,2017(12):70-79.

图 10　延安本土风貌

(一)正确把握延安文化的特征及其表现形式

综合地分析地域特征、历史文化、人文风情,延安的特色文化主要可以概括为"两圣两黄"六大类。革命圣地和民族圣地是圣地延安的核心文化;黄河文化突出母亲河黄河的包容和孕育,体现了壶口瀑布、乾坤湾等的丰富壮美,也涵盖了黄河支流、延河周边的人文历史;黄土文化着重展现延安黄土丘陵沟壑区的川谷风貌,黄土窑居代表的人文遗产,以及延安高天厚土的地域风情。

当然,这些特征文化需要做进一步的细化和具体化,才能将其应用于物质环境空间的建设之中,构筑起具有地方特色的景观环境。据此,我们研究、选择了延安传统及近现代具有代表性的四种建筑风格类别,以便在实际的建设引导中能确定并明确建筑元素、符号及细节等处理,规整不同的建筑风格(见图 11)。一方面能保证在同区域内获得相同的建筑风貌感受,另一方面也能保证新区整体尺度的风貌多元性,避免单一化。

图 11　延安本土特色建筑风格及符号风貌

(1)地域特色建筑:传统窑居建筑,如靠崖窑洞、独立窑洞、窑洞庄园等。

(2)传统特色建筑:传统北方特色,如边塞古城、传统的北方民居、寺庙等。

(3)中西合璧的边区风格:中央大礼堂、办公厅等。这是延安近代西方经典建筑与中国传统建筑相结合的代表性作品。

(4)地域和传统结合的边区风格:书记处小礼堂等。这是延安近代对传统中式建筑形式的进一步继承和发扬,去除了传统建筑繁杂的装饰,同时叠加陕北窑洞等传统,外形简洁,具有现代建筑的典型特征。

(二)将地方特色有机融合于新区整体和产业发展环境

在空间布局和组织上,最大限度地把特色风貌融入新区总体框架、产业发展轴和居住圈,以期既形成不同区域多样化的特色文脉表达,又获得区域内部的整体协调。

1. 做好中轴与中央环路内外环的整体建筑风格塑造

(1)中轴:本土主义的建筑风格。文化主题:有神。手法:强烈的陕北、本土化的建筑形体及细节。

(2)环内:新古典主义建筑风格。文化主题:有意。手法:造型传承中、西古典建筑,简化细节等。

(3)环外:现代典雅的建筑风格。文化主题:有形。手法:现代典雅加现代手法处理的文化元素(见图12)。

中轴:本土主义的建筑风格

环内:新古典主义建筑风格

环外:现代典雅的建筑风格

中轴、环内、环外区域分布

建筑高度与各组团空间分布

图12 建筑风貌布局及高度分布

2.做好各个板块的差异化风格构造

(1)杨家岭板块:围绕文教、创意主题,营造庄重大气的文化氛围。建筑原型建议为传统和地域结合的边区风,序列式建筑布局、中式屋顶+平坡结合、传统和地域结合的立面、屋檐等细节、组合式材质构成等。

(2)中央商务区及周边板块:围绕办公、商贸主题,营造创新交流的商居氛围。建筑原型为中西合璧的边区风,轴线式建筑布局、起伏跌宕的轮廓线、经典三段式构图、强调人口的门廊、中西结合的立面细节等。

(3)尹家沟东板块:围绕健康、休闲主题,营造明快活力的康居氛围。建筑原型为传统和地域结合的民俗风,院落式建筑布局、多样化屋顶构成、叠落式建筑竖向、组合式立面、窗格等细节、近代建筑元素等。

(4)杜家沟北板块:突出科技、产业主题,营造绿色科技的产业氛围。建筑原型为地形和环境结合的地域风,与地形结合的风貌、自然的聚落组合、跌落的建筑空间布局、烽火台等边塞建筑元素、立体联系等细节处理手法。

(三)注重建筑群组合设计优化

小尺度地块片区空间单元的多功能复合建筑群,既是集约用地、高效利用空间的节点,也是重要的城市景观风貌节点。在规划设计中,我们充分认识挖填方区的特点,利用地基的自然差异,拉开层次,高层低层建筑有机搭配,形成"竖向挺拔、水平伸展"的空间层次;重新审视现有建筑单体形态,与低层建筑一起,研究较为合理的建筑造型,采用三段式立面构成、群体叠落对比、单体层次变化等手法,以获得整体感的建筑组合风貌,为建筑群的业态集约化、空间资源集约化创造条件。[①] 此外,根据城市界面空间,规整建筑层次(低层、中间层、高度层和城市标志等),形成层次化的竖向组合,为详细建筑风貌(色彩、风格、细部等)控制引导打下基础,如图13所示。

建筑群组合及城市空间的塑造,充分研究了城市文脉及特色,力图做到传承本土基因,并创造出新时代的风格特征,如图14和图15所示。

---

①韩波,夏震雷,李小梨.控制性详细规划:理论、方法和规则框架——基于可持续发展思想、经济规律和法治理念的探索[J].规划师,2010(10):22-27.

竖向挺拔、水平伸展

整体感的建筑群

城市界面层次化

图 13　建筑空间层次化的竖向组合

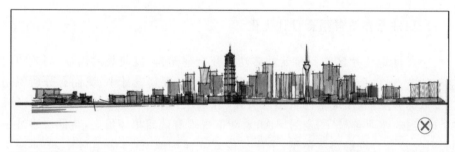

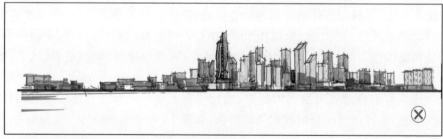

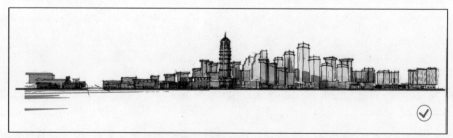

图 14　城市界面的本土化基因探索

图 15　延安新区北区 I 期鸟瞰图

论我国城市规划中的"区域化"倾向

——兼论一种城乡融合的空间规划

【摘要】 本文针对"城市区域化倾向"及其规划中的诸多矛盾,从我国城乡发展趋势和要求出发,借助"自然—空间—人类"系统模型,提出了注重规划目标导向、适应发展并有机协调、兼具综合性和动态性的"城市—区域"一体化融合的空间规划方法。

20 世纪 80 年代末 90 年代初,我国城市蓬勃展开了第二轮城市总体规划的修编或调整工作。与 80 年代初期的第一轮城市总体规划相比,这一轮规划工作普遍出现了一种追求规模扩大的现象,即城市规模规划越做越大,小城市的要规划成中等城市,中等城市要规划成大城市,城市区域化倾向凸显。其中虽然有前一轮规划大多规模不足而导致规划框架突破的原因,但更多的是其内在的社会经济背景和我国发展实际的深层次因素。本文针对这一倾向,试图从我国城乡发展趋势和要求出发,结合目前我国城市总体规划面临的挑战,分析其内在根源,并提出一种城乡融合的空间规划——"城市—区域"一体化规划来适应城市区域的发展趋势并解决规划中的诸多矛盾。

一、城乡融合的发展趋势

(一)乡村工业化和国土城市化

经过 20 世纪 80 年代的起步发展,乡镇工业逐步进入了上规模、上档次、集团化的内在提质升华,这在客观上要求通过城市区域化和城市体系的完善,为乡镇工业规模与集聚发展提供必要的、相应的空间组织形态。乡村工业化促进城市区域化的内在经济机制已经形成,城市区域化和城乡融合的进程开始加速。这种源自农村工业化的城乡融合和城镇集聚区发展,与 20 世纪初霍华德构想的花园城市理想以及其后兴起的新城运动相比,具有经济基础好、社会转型自发性、自下而上根基扎实等特点。因此,通过城乡融合规划和一体化发展

本文为 1994 年 10 月完成的内部资料,作者为邵波。

政策引导,有加速优化我国区域城镇集聚区空间结构的可能。

(二)短缺经济下的城市极化发展阶段特点

从某种意义上讲,我国工业化是在缺乏资本原始积累和牺牲农业发展代价的背景下推进的,我国城市化是在工业化基础脆弱、短缺经济的条件下发展的。因此,一方面,城市的极化发展往往伴随着开发后劲的乏力,从而使得外延拓展的城市空间中城乡混合不断扩大,即城市化开发力量不足以使拓展空间发生功能型城市化,这就对城乡融合发展规划和引导提出了内在需求。另一方面,为避免城市化在农村的无计划蔓延,有必要重新协调城乡混合空间(或地区、地带等)的农业土地利用和城市土地利用,再生创建出自然环境、生产环境和生活环境三者协调、平衡的复合社会——城乡融合社会(见图1)。这正是霍华德及其追随者所追求但未能实现的理想和空间形态。

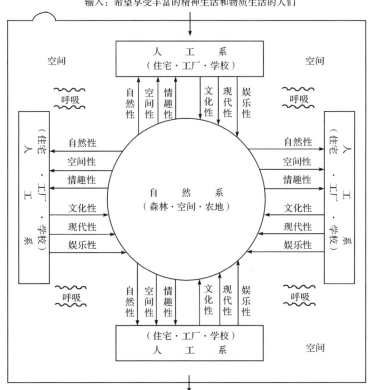

图1 "自然—空间—人类"系统模型

资料来源:[日]岸根卓郎.迈向21世纪的国土规划——城乡融合系统设计[M].高文琛,译.北京:科学出版社,1990(1).

（三）二元经济结构的发展

发展中国家的二元经济结构存在着从空间上有机协调城市产业与农村产业的客观要求。一方面，现代化技术密集型产业的发展和推广，使发展中国家的产业扩散有可能超前于现阶段而发生；另一方面，二元经济结构的发展为发展中国家产业层次分工和梯度推移提供了区域间分工的社会接受客观条件，从而也为城乡融合发展提供了结构性经济基础。

（四）"自然—空间—人类"系统的设计

在我国区域经济进入起飞时期的背景条件下，地区居民自由闲暇时间日渐增多，自然环境资源的公益功能和经济助推功能日益体现出来。这种趋势客观上要求空间规划按照"自然—空间—人类"系统，进行统筹设计，在整个国土空间上使人工系统与自然系统之间保持最优匹配状态。

二、对传统城市总体规划的挑战

（一）挑战 I：规划范围的限制

传统城市总体规划从一开始就将规划范围限制在城市建筑用地的功能布局范围，即高密度的建成区范围以内，城市总体规划以建设用地布局规划为主要特征。由于是一种建设规划，因而城市规划在实际中常常被要求能够直接为建设服务。但其对应的编制技术深度却无法满足这一要求，从而使城市总体规划在具体实践中越来越细化，丧失了原先规划的总体性特点，陷入了宏观上总体决策能力不足，同时也无法深化至直接指导建设活动的两难局面。这就对城市总体规划提出一个方向性问题：是继续趋向编制技术深化而朝城市分区规划、城市控制规划等方向发展，还是向强化总体规划的宏观决策能力，从大中尺度的空间范围去把握城乡关系的方向发展？

（二）挑战 II：行政上的区域市概念

大约在 1979 年前，我国行政市的概念基本上都是切块而设的城市，即提取县行政区城区设置城市，市县并存，城乡分治，市的概念与通常意义上的城市相一致，因此是一种"城市市"。

1979 年我国设市模式从切块设市转变为整县改市，实行市县合并，同时实行了市带县体制。从此，市的概念开始发生变化，从"城市市"演变为"区域市"，即市县合并，城乡合治，市既包括了城市建成区及所必要的郊区，也包括了广大农村和小城镇。由于规划编制、管理实施和开发管理等在很大程度上都是通过政府行政组织去操作，因此，行政上的区域市概念客观上对传统城市总体规划仅限于建成区提出了变革要求，产生了按城市区域进行城市总体规划的必要性,即城市—区域总体规划,包括中心城市建成区规划、其他城镇建成区规划及其相互关系的协调。

三、"城市—区域"一体总体规划:城市总体规划的变革和发展

说到底,传统的城市总体规划没有从根本上解决规划的依据和导出点问题,空间规划与发展中的社会、经济、技术和环境之间仍有一定的脱节。规划最强调的是人类建筑环境的艺术性创造和建设中的问题控制,这使规划越来越陷入不能应对形势发展、反复多变而日益丧失权威性的两难状态。

虽然,传统的城市总体规划也要求进行区域发展中的城市体系规划和城市的郊区规划,但这些内容始终是一种基于城市建筑空间发展规划下的附属性规划,从总体上无法满足建设空间的发展和布局形态结构性转换的需要,顺应城乡融合的"自然—空间—人类"系统的基本规律。

因此,从城市和区域未来社会、经济、技术和环境等发展角度看,城市空间将不再局限于建筑景观空间,而要求从城市—区域一体化,即城乡融合的角度考虑人类活动的空间组织,包括一系列规划技术观念的突破,如居住区的分布和住宅功能类型的多样化,城市产业空间区位的多样化,居民出行目的(从以上下班为主到就业、旅游、休闲、娱乐等多因素综合),出行工具变革所产生的交通革命等。所有这一切都将证明这样一种趋势,即传统的城市总体规划必须适应城乡一体化和规划组织的区域化趋势,从规划范围、规划目标和观念、规划手段和方式等方面去谋求新的出路——"城市—区域"总体规划,是空间规划的国际性历史轨迹所揭示的趋势和规律。

一般地,这种"城市—区域"规划将体现三种特点。

(一)"城市—区域"总体规划更强调规划的目标导向

"城市—区域"总体规划强调城市和区域未来的社会、经济、技术和环境发展目标的导向。这种目标的选择包括三个方面:一是问题→目标式的;二是课题→目标式的;三是可以通过发展模式的类比确定某种规划目标。这里的问题是指现状空间发展中所面临的某些制约性因素;课题则针对未来发展中可能出现的趋势和对现状发展提出的问题进行规划的目标界定,以规划中的战略研究为基础;而发展模式则从发展过程的某种类似性、地区之间的某种梯度性等方面,根据先进地区所走过的发展道路、阶段、坐标等,来确定后进区的目标。

(二)规划空间更强调对发展的适应和协调

1. 空间对发展需求的适应

城市—区域总体规划着眼于活动—空间之间的良好关系,因此,规划空间

对发展的诱导性必须保证满足对发展需求的适应。具体表现在以下三个方面。

（1）空间结构对发展活动体系的适应。即规划空间应体现两种特点：一是灵活的弹性特点；另一是超前考虑未来可能形成的活动体系的特点。这种空间结构能特别适应未来社会、经济活动的结构转型要求。

（2）适时扩展空间容量，满足发展要素的活动空间需求，及时保证一定时期内某种发展活动的规划扩张和要素集聚的要求。

（3）要素运行空间相对于发展的超前建设。发展必然带来活动的增多和活动之间联系的频繁和扩大，从而带来要素运行强度和频率的提高，空间要素的流量（包括交通量、信息量等）状况要求运行空间进行超前建设，以引导流量的分布和发生。

2.空间开发对发展冲突的协调

发展伴随着空间利用而发生。发展过程中利益主体、目标多元化使空间利用产生冲突和矛盾，因此有必要进行适当的控制和干预，调解空间冲突，消除空间矛盾，尤其是私人与公共部门的矛盾与冲突。具体表现在以下两个方面。

（1）空间利用功能的干预。通过直接限制和引导空间中某种功能的布局倾向，使空间开发合理化，避免空间的不当利用，如限制城市中污染工业的发展等。

（2）空间利用强度的干预，以保证空间开发始终在一个能被广泛接受的开发度以内，避免开发强度过高或过低引起系统冲突加剧或资源浪费等问题。

（三）规划过程更强调其综合性和动态性

从空间规划的发展看，现代空间规划越来越趋向于目标和过程干预的综合。空间规划不再仅仅是那种描绘美好远景的蓝图构想型规划，而更加强调规划过程中的有价概念，即强调规划过程的操作共享性和规划目标的终极性，强调规划自下而上构成多重权威的共同参与，以及发展中的可能变化条件和因果关系对规划的反馈与修正。很显然，单纯的过程规划因缺乏宏观引导和控制，缺乏长期整体利益的指导，而可能出现规划的意象模糊和目标混乱，出现规划的无所适从。现代空间规划将从目标和过程相结合的角度构成自身的规划系统，形成一种追求整体最优的动态过程。一般地，这种空间规划构成包括五个内容，即土地利用系统，建筑形体系统，环境开发系统，空间开发系统，管理经营系统。这五种规划系统共同构成整体的、综合性的、目标和过程干预统一的空间规划系统，实现规划的跨学科合作。

关于区域规划时间超前量的几点认识

【摘要】 本文探讨了区域规划中时间超前量的含义及其与规划目标、建设发展之间的关系,辨析了规划时段划分的依据及其影响因素。进而,以宁波穿山半岛空间发展战略研究为实例,探索了有机整合不同规划时段的发展目标、功能组织与空间结构组织,形成一体化、合理化逻辑系统的方法。

一、什么是区域规划的时间超前量

客观事物及其发展在很多方面都表现出其特有的时段性,人类的认识又受其认识对象客观事物特有的发展规律制约,因而人们往往通过对客观事物发展的时段性认识和划分以及有效可行的途径和手段,达到预期的目的。区域规划是在一定地区范围内对国民经济建设和物质环境空间所进行的战略性总体部署。人类本能的超前思维使区域规划表现为人们应如何在将来时段中把规划目标、过程、手段有效地落实到具体空间上去。因此,区域规划的时间超前量是指在一定区域空间内实现规划目标的时间表现形式。

二、规划目标、规划时段划分和规划的时间超前量

区域规划的目标不是个终极目标,规划师不可能提出一个永远的目标。虽然时间是无限的,但人们面对复杂的外界环境,自身认识能力是有限的,对未来的认识也是有限的。规划师的规划目标可能一开始是一种模糊的设想。随着规划的实施,规划观念和环境发生变化,原有的目标被修改,新的目标又产生。因此,任何规划目标都不会成为区域发展的终极目标。规划目标的无终极性决定了规划时间超前量的有限性,于是规划目标的实现必须在一定时限内完成,规划的时间超前量与规划时段相一致。一般来说,时间超前量越长,人们对外部条件和内部发展规律的认识就相对越少,预测确定的规划目标可信度相对下降,从而导致指导规划实践的能力也相对下降,规划的时间超前量并不是越长越好。因此,要确定合适的规划时段,需要寻找划分规划时段的依据。

本文为 1994 年 10 月完成的内部资料,作者为张佳。

三、区域规划时段划分的依据

（1）长期以来，区域规划的时段划分往往以政府的指令性计划时段为划分依据，如五年计划、十年规划等，再依据国外的有关技术进步、经济波动理论加以延伸，规划时限一般分为近期（5～10 年）、中期（10～20 年）、远期（20～30 年）。

一方面，行政时段作为区域规划时段划分的重要依据，有其必要之处。尤其对近期规划来说。对于我国大多数地区，经济还较落后，规划必须为经济建设服务，促进经济的发展，必须与当地社会经济发展计划相衔接，以免使规划因缺少实施步骤和计划配套而成为空中楼阁。因此近期规划的时限可以在 5 年之内，在以远期规划为前提、基础的指导下，参与各主要建设项目的分析论证，与国民经济、社会发展五年计划密切配合。

但是另一方面，因为行政时段受到国家政策、经济政治环境、行政长官等主观因素影响较大，引入区域远期规划中就不一定适合。就目前来说，大部分趋于保守，不能解决空间结构的合理性。于是，寻找划分区域规划时段的依据，要到社会经济发展规律、空间结构变化的规律中去，突破行政时段、政策时段的局限，以客观转折点作为划分依据。

（2）人口是社会一切生产来源的基础和主体，也是最活跃的生产力因素。人口危机将会引起一系列的资源、经济、社会、生态等方面的危机。人口发展的规律性和阶段性以及对未来发展的人口预测可以为区域规划的时间超前研究提供依据。理论上讲，人口出生率和人口自然增长率的变化，形成了不同社会历史和不同发展阶段的人口再生产类型。

美国人口学家诺特斯坦把传统的农业社会人口向现代工业社会人口转变分为四个阶段。第一阶段即工业化前的阶段，高出生率，高死亡率，低人口自然增长率；第二阶段即工业化初期阶段，仍是高出生率，但由于死亡率开始下降，人口自然增长率提高；第三阶段即更进一步工业化阶段，出生率开始下降，人口死亡率继续下降，人口自然增长率仍相当高；第四阶段即完全工业化阶段，低出生率，低死亡率，导致低人口自然增长率甚至人口出现零增长或负增长。这一过程将经历大约 30 年时间。

我国是人口大国，且大部分地区处于人口转变过程中的第二个阶段，考虑到人口总数的下降和人口自然增长率的下降有一段时间上的差距，预测表明，21 世纪 20 年代到 40 年代，我国人口将达到历史上前所未有的高峰。这对住房、交通、基础设施等空间要素都提出新的要求。因此，我们把人口发展阶段划分和预测作为规划时间超前分析的依据具有重要意义。

（3）经济是区域发展的最重要的因素。无论在微观方面，还是宏观方面，区域经济因素都表现出其特有的时段性。经济的周期性波动不仅仅存在于资本主义社会,社会主义社会中也同样存在。康德拉捷夫的经济长波理论是典型的例子。经济的长波主要由技术创新引起。技术生命周期随时间的发展呈 S 形变化,一般可分为采用、增长、成熟、下降四个阶段。预测研究表明,一项新的技术发明一般要经过 15 年才能达到工业上的普及应用和推广,而完成整个生命周期需 50 年左右。这与区域经济完成高涨、衰落、低谷、扩张四个阶段的周期相吻合,对区域规划的时段划分来说,就需要从对下一个经济高涨点或低谷点的分析中来寻找划分依据。需要注意的是,随着社会的发展,技术生命周期逐渐缩短、产业革命周期缩短成为必然趋势,这就为我们更准确地研究并划分规划时段提供了新的参考因子。

(4)区域规划时段划分的依据还可以到区域资源的分析中去寻找。在区域规划中,主要研究的是自然资源和人文资源在不同时段中的容量问题。在一定的时期内,区域的自然资源是有限的,它直接影响着区域开发的程度和速度。增加资源、环境的容量,就必须克服一定的门槛限制。而每一个区域门槛的跨越,都需要技术的进步和经济的发展,需要一定的时间。因此,区域内资源、环境门槛的跨越也是区域发展的一个客观转折点,是研究区域规划时间超前量的一个依据。

(5)对区域规划时段进行合理、有效的划分,除了对上述要素进行分析、预测外,对区域空间运行要素包括交通、通信、电力、给排水等方面的分析也是必要的。这些要素在空间上具有一定的刚性,一旦落实下来,就很难改变,一旦改变,往往会造成巨大的损失。因此,对这些空间运行要素的时间表现进行分析和预测,也显得很重要。就建筑物和工程构筑而言,它们的时间表现形式为寿命,包括其物理结构功能、使用功能以及经济效益功能持续时间的长短。通过对这些空间运行要素寿命的分析和预测,我们可以从各个方面了解空间结构变化的时间表现,为规划时段的划分提供依据。

(6)从理论上讲,区域规划是空间规划,是社会经济活动的空间投影,因此一个完备的区域规划还必须分析和预测社会经济发展和空间发展之间关系,着眼于人类活动与活动空间及组织活动的空间网络的总体优化研究,努力实现产业组织空间和空间诱导产业,采取有效的技术措施和行政手段,使社会经济发展和空间发展互相协调。也就是说,区域规划的时段划分,也应建立在时间和空间互相协调的基础上,是社会经济活动空间实施的时间展示。

四、实例研究:现阶段我国区域规划时间超前量划分的一种特殊性

不同区域因其不同的地理条件,不同的社会经济发展阶段、不同的发展机遇等,其时段划分是不同的,这就要求我们进行深入的调查与分析。

此外,有些地区因无法把握其未来社会经济发展进程,其时段划分有特殊

性。我国有不少地区,资源与环境基础较好,但现有社会经济水平还很落后,本身没有能力开发。这些地区的发展取决于外部力量的刺激,其开发进程往往有超常规、跳跃式的特点,规划在时间超前量上就更难把握。因此需采取特殊手段,不必强调其规划年限,而强调其空间结构形成的合理性。如我们对宁波穿山半岛的开发利用安排,就是以此特殊的思想和手段进行规划的。

穿山半岛位于宁波市的东北部,伸入海洋而形成半岛,北有穿山海峡、佛渡海峡与大榭、六横等岛相望,南部位于象山港口外的舟山海域。一方面,就其内部资源和环境基础来说,较为优越,为半岛丘陵地貌,不仅有宝贵的深水岸线资源和深水航道资源,而且有丰富的环境景观资源,树木葱绿,景色宜人,其受污染和破坏程度相对较小,从而构成具有地方特色的自然景观和具有开发形成未来新型生活、居住空间的内在条件。同时,随着与其毗邻的北仑港区、小港经济技术开发区、宁波北仑保税区以及大榭岛国际经济贸易区等的一系列重大开发项目的推进,穿山半岛的开发利用也日益被外界关注。因此从总体上看,其外部环境条件是比较有利的。

另一方面,穿山半岛的社会经济发展水平比较落后。1992年其总人口占北仑区的40.5%,而工农业总产值只占北仑区的26.3%,交通、邮电、教育、卫生等条件也较落后,如规划区内的绝大多数公路为砂石路面的四级公路和等外公路,水资源较为缺乏。半岛地区自身尚无足够能力对区内资源、环境进行整体性开发,无法与宁波市的发展相协调。由此看来,其开发机遇性较强,存在着发展时序变异的可能性。基于此,穿山半岛总体规划注重提出建立一个能吸引和容纳来自不同方向、类型和时期的社会经济活动要素的物质环境空间规划框架,研究规划区域面临的基本课题和所应建立的基本职能,进而通过在地域上的落实,来组织和确立规划空间结构。

区域经济集团化、一体化是现代区域发展的大趋势。随着全球经济重心转移和环太平洋经济区域的形成,世界级的全方位、全功能、全天候的巨型枢纽港的出现,并以之强化太平洋沿岸地区的国际中心功能是整个太平洋沿岸地区,尤其是我国面临的一个新的机遇和挑战。宁波—舟山海域港湾资源是一个有机整体。以镇海、北仑、定海、普陀为范围的广大水域和岛屿,海域面积约300平方千米,水深10~30米,可供大型船舶使用的水域约100平方千米,能提供1万~30万吨级及以上约1000艘船舶停靠。港域共有深水泊位岸线120千米以上,其中大陆侧和舟山群岛宜建深水泊位岸线30多千米,岛屿深水岸线90多千米。港区陆域条件好,可依托城市发展,劳动力资源丰富,具有建设世界级东方大港的优越条件。因此,通过“甬—舟”海域世界港的建设,培育和发展“甬—舟”经济活动圈,是区域经济发展的客观要求。

“甬—舟”经济圈的基础设施网络已具有一定规模,岛陆交通、供电、电信等一体化运行要素初步形成。此外,沪杭甬高速公路、沪杭甬铁路复线、甬台温高速公路及沿海铁路等区际性交通网已经在宁波大区域规划、建设层次上确立和引入;从"甬—舟"区域港口组群建设出发,上述区际性交通干线还有必要延伸至舟山,强化岛陆联系功能,进一步促进"甬—舟"经济一体化。宁波港(包括宁波老港区、镇海港区、北仑港区)的规划开发框架已经形成,港口岸线也都有了比较明确的功能安排;在组建"甬—舟"世界级港口的构思中,也已提出港口容量进一步拓展和岛陆通道建设的布局设想。这就从上一层面对尚未做具体岸线功能规划的穿山半岛港口岸线提出了必须考虑区际性功能的要求。

通过 20 世纪 80 年代和 90 年代初的发展积累,宁波市的经济和社会发展已进入高速成长阶段。经济的全面增长和城市化、现代化过程,将使人们的物质文明大幅度提高,生活价值观念发生巨大的变革,人们的自由支配时间和闲暇时间增多,从而诱发城市生活方式的根本性变革和进步,需求趋向多层次和多样化,要求创造一个人与自然能进行交流,并最终与自然界融为一体的生活、休息、游憩、娱乐等多功能的新型生活空间。同时经济的技术增长和人的物质生活水平的不断提高,必然导致人们对环境的开发利用由以经济为目标转向以人与环境和谐共存为目标,因此以环境目标为导向的资源开发与利用成为规划的基本课题之一。

根据上述规划的基本课题要求,我们设想在半岛构建四大功能。

第一,环境的松弛和净化功能。未来宁波市将是由宁波、镇海、北仑三个组团组成的,拥有 250 万~280 万人口的高密度、高效率的集聚地区。一方面,充分发挥穿山半岛邻近宁波市的区位优势和自身多样化的自然环境优势,利用缓坡、山地和谷地的自然条件,通过构建自然—人工型混合城等方法,建设居民们的新型生活居住空间。另一方面,宁波港的开发和滨海大工业的发展,在推进经济成长的同时,也造成一定的环境压力。可以通过穿山半岛自然环境的再开发和利用,改善宁波市的区域性环境质量,使其成为促进整个城市生态环境更新和良性循环的动力机制,使山、海环境融于宁波市城市整体功能。

第二,宁波港的拓展和"甬—舟"岛陆联系通道功能。因地制宜,用好用足港口岸线资源,充分发挥区位优势,合理开发,使其不仅成为北仑港区的有机组成部分,承担交通港、地方性工业港等职能,为北仑港区做好补充性服务,而且成为宁波港与舟山港、"甬—舟"经济圈的联系枢纽和通道,促进"甬—舟"海域巨型世界港的开发和"甬—舟"经济圈的发展。

第三,宁波市的景观构成功能。宁波市作为我国沿海中部一座面向 21 世纪的现代化国际港口城市,必须建立起富有地方特色和极具魅力的景观形态。充分发挥穿山半岛独特的环境优势,通过保护、开发、人工合成等多种途径,有意识地生成、培育宁波市的景观特征,为宁波市的国际化创造必要的物质基础。

第四,现代化的农业和园艺基地功能。要充分发挥穿山半岛邻近宁波市的区位优势和现有的农业生产基础,强化城郊型农业和园艺基地功能,为城市生产和生活提供服务,同时也为人们了解农业和园艺业,认识自然,提供必要的服务空间。

因此,穿山半岛规划从充分研究规划区域的基本课题和所应建立的空间基本职能入手,以目标为导向,着眼于空间规划框架的组织,强调地域空间利用和规划结构的合理性,并以此实现对区域发展的引导和控制,而把时间仅仅作为建设这样一个合理的物质环境空间的变量,不以规划期限来限定空间规划框架,而是更多地从区域空间功能和组织结构的合理性方面把握对空间框架以及其实施条件的规划研究。这种区域规划中的时间超前量划分,重点针对我国现阶段许多区域规划中所普遍表现的一种特殊性,即机遇性和发展时序可能突变而引起规划时段的不易把握性,要求区域规划中既要研究其时间超前量的一般性特点,同时也必须考虑现阶段的这种特殊性。

门槛分析法在区域承载力测算中的应用研究

——以海岛承载力研究为例

【摘要】 本文辨析了开放性区域承载力的基本概念;借鉴门槛分析理论,探讨了测算、评估海岛环境与资源承载容量的门槛分析框架、承载力测算指标体系等;并以舟山市为例,进行了测算方法的应用研究,其结论可供政府制定开发思路、开发重点、时序安排等决策参考。

区域承载力是区域开发研究的一个重要方面。目前,国内外有关研究的基本特点是把区域假定为一种封闭型地域,并从土地资源潜力所能提供给人类的食物蛋白质量的指标出发,来研究和测算区域人口承载力。实际上区域是一个开放系统,它与外界存在着密切的物质、能量和信息的交换和联系。从区域本身土地资源潜力来测算开放型区域的开发容量,作为在全球级或国家级层次上的一种研究,有一定的价值,但从指导城市这类集聚空间和某些特定区域开发角度上讲,作用不大。因为其结论往往难以解释当前城市与特定区域迅速发展的基本现象。门槛理论和门槛分析法创立于 1963 年,它通过研究城市发展过程中有关的制约因素即门槛,明确不同门槛条件下城市发展的可能规模,并通过门槛费用分析来研究城市发展的合理问题。门槛分析源于波兰,后在英国得到进一步发展,联合国出版了门槛分析手册以助推广。本文是用门槛分析法研究区域承载力的一个探索,其目的主要是探索和研究门槛分析在区域承载力研究中的实际应用,建立一种新的动态的区域承载力测算计算方法。

一、区域承载力及其研究方法

区域承载力由 W. 福格特于 1948 年在其著作《生存之路》中明确提出,主要反映区域环境、资源的人口与经济发展容量,即区域环境、资源所能承受的人口和经济规模。

区域承载力的研究方法众多。早期的研究方法只考虑粮食生产的资源承

本文原载于《经济地理》1992 年第 4 期,作者为韩波、邵波。

载力,目的是计算出某个地区的集约化农业生产所提供的粮食能够养活多少人口,即给出承载人口的数量。这种方法把人口因素作为外生变量,不考虑人口对农业生产的反馈作用,也不考虑集约化农业生产所需要的投入量,以及农业的投入与整个经济系统其他部门之间的反馈作用。因此,它只能提供在未来某个时段内该地区所能养活人口数量的粗略估计。后来研究方法又发展为土地资源承载力。代表性的研究是 1977 年联合国粮农组织协同联合国人口活动基金会和国际应用系统分析研究所对全球发展中世界 5 个区域 117 个国家的土地潜力支持能力的研究。该方法用 1:500 万比例尺,以国家为单位,将每个国家分为若干类农业生态区,同类农业生态区有类似的土壤、气候、地貌以及土壤侵蚀趋势等条件,同时分设三种投入水平(低、中、高),给出各农业生态区农业产出的不同响应,分别计算出生产潜力。这种方法是静态的,因为它只能得出在一定条件下土地资源能够承载人口的极限值,并不能反映人口增长与资源承载力之间相互关系的动态变化,即不能得出不同时间、不同量级的资源承载人口数量。

英国科学家马尔科姆·斯莱塞提出计算资源承载力的另一种方法,即增加承载力的策略模型(Enhancement of Carrying Capacity Options,ECCO)。该方法基于新的资源承载力定义,考虑人口、资源、环境和发展之间的关系,建立系统动力学模型。1984 年苏格兰资源利用所向联合国教科文组织提交研究报告就是用这种方法借助肯尼亚的数据做试验计算的。

区域承载力在区域与城市规划学科中也是一个重要的研究课题。首先,区域规划中的区域发展潜力研究、城市规划中对不同边界条件下城市发展规模的预测,实际上就是一种地域容量的研究,但城市规划中对环境承载力的认识和考虑角度有所不同。上述研究基本上将区域视为一个孤立系统或封闭系统,即认为区域与周围地区之间没有物质和能量的交换,或者只与周围地区有能量交换而无物质流动;而区域与城市规划学科一般将城市视为开放系统,承认其与外部环境不但有物质和能量的交流,而且还有信息等的往来。其次,对资源的理解不同。上述研究一般以土地资源为指标,将土地资源理解成为人类提供食物的农业土地资源;而区域与城市规划中则认为,土地既是农业用地资源,同时也可以作为人类生存和建设的空间资源而加以开发。此外,城市规划在区域发展容量研究过程中不但考虑土地资源因素,而且考虑水资源、港口资源、自然地理条件、地质状况(工程与水文)、交通、给排水系统、电力供应、能源资源等因素对城市或区域容量的影响。最后,研究方法不同。城市和某些特定区域是高密度高流量的集聚空间,城市发展容量研究的基础方法是门槛分析法(见图 1)。土地资源承载潜力的研究主要以自然条件和自然资源的分析为基础,通过对土壤、农业气候(包括光、温、水等)、农作物适宜性评价、种植制度等的考察,确定土地最大生产潜力,并以卡路里/蛋白质指标测算出潜在人口支持能力(见图 2)。

其基本思路是:城市开发过程中将会遇到若干门槛(如自然地理条件、供水、港口容量、建设用地条件、区位优势变化等),每个门槛的跨越(即解决和排除障碍性因素)都将提高城市或区域开发规模的容量。假如所有门槛都能经济地克服,则城市或区域的开发有可能达到环境容量许可的上限,即以满足现代文明生活的人类生存和建设用途的土地资源开发容量为其极限容量①。因此,从理论上看,运用这种门槛理论和门槛分析法研究开放性区域开发容量是完全可行的。

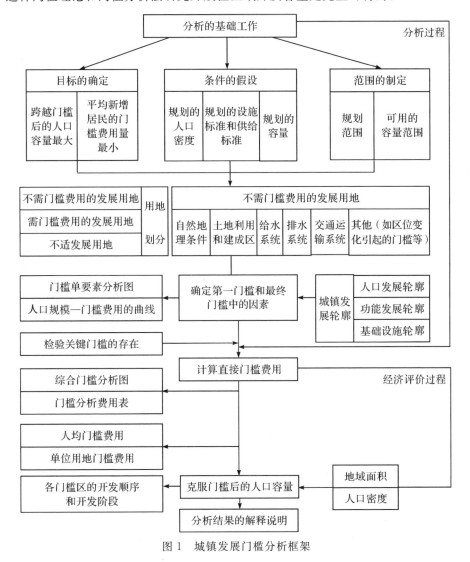

图1 城镇发展门槛分析框架

①极限容量指城市和区域发展可达到的最大规模,这取决于自然、技术、社会经济、区位优势等条件与大区域建设总体布局设想。

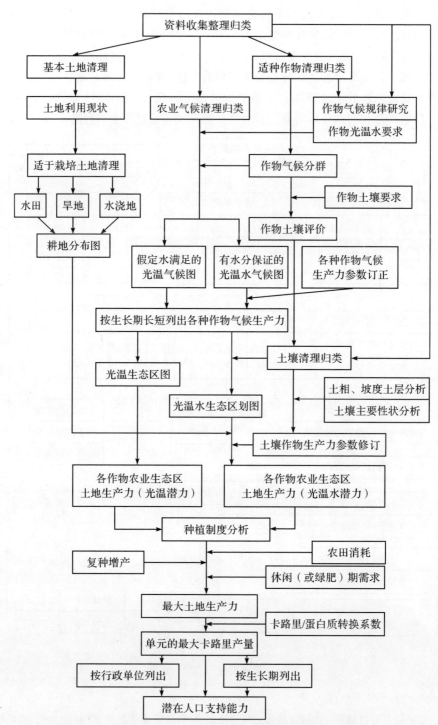

图 2　土地—人口承载潜力研究方法流程

二、区域承载力的分类

(一)孤立型区域承载力和开放型区域承载力

孤立型区域是与外界既没有物质也没有能量交流的地域单元(实际上,在商品经济发达的今天,纯孤立型地域单元是不存在的),它内部的物质与能量(如水、土地等)受自然规律支配,资源量是确定的,在一定的社会经济和技术条件下其开发利用程度可以测算。因此,这种地域所能容纳的人口与经济规模也是一定的,比较容易测算。按照土地资源的潜在生产能力来测算人口规模,是这类地域承载力研究的方法之一。开放型地域与外界有着密切的物质和能量交换,其单位面积的人口承载量和经济密度即土地承载力不取决于内部的水、粮食、能源等因素,而由更广泛的区域范围内的水、粮食、能源等资源状况以及内部建设用地条件等决定。我国城市和沿海城镇带单位面积的人口数量和经济密集度远远高于农业区域山区,就说明了这一点。

(二)终极承载力与阶段承载力

终极承载力也可称为极限承载力或最大承载力,是指区域所能容纳的最大人口数和经济规模。就孤立型地域而言,区域终极承载力是由其内部水资源或食物资源量所决定的;而对于开放型地域,由于水资源、粮食、能源等资源可以从区外输入,区域承载力大大提高,假定这些资源保障供给,区域优势条件保持不变,则区域终极容量可以由建设用地资源量来决定。超过建设用地资源量所规定的上限指标的空间开发利用,将会导致整个环境恶化,生活、生产环境质量下降,生态失去平衡,空间利用安全性降低。日本规定,考虑到采光、通风、防灾、日常游憩等要求,城市内部建筑密度最大不应超过总建设用地的50%。我国城市规划中建筑密度一般控制在55%之内。阶段承载力是指以现有的社会经济和技术条件,结合对有关资源开发利用潜力的分析研究而得出的关于未来某个时间尺度的区域容量。一旦社会经济和技术条件有所改变使现有资源量得到扩大,或外部资源有条件输入或退出时,区域承载力就会产生变化(变大或变小)。

(三)单要素承载力与多要素承载力

这是根据研究所采用指标的多少来划分的。单要素承载力通常只考虑某一要素,经过分析、计算后得出结果。多要素承载力往往综合考虑若干要素,经过计算后得出结果。

三、区域承载力研究的指标体系

运用门槛分析法研究区域承载力的关键在于明确区域发展的各个制约性因素,即门槛。制约区域发展的因素是多方面的,且随研究区域不同而变化。归纳起来可以分为两大类:一类是限定性因素,即无法改变的因素,如建设用地资源数量和质量基本上是一个常数,即使通过围海造地、平整土地等工程措施,资源量可能有所增加,但其数量也是有限的;另一类是准限定性因素,即在一定的社会经济和技术条件下,某些因素对区域开发具有制约性,但随生产力水平提高和科技进步,因素的现行制约性可以消除或不利程度可以大为降低,资金、水资源、交通及技术等条件就属此类。区域承载力测算的指标体系见图 3。

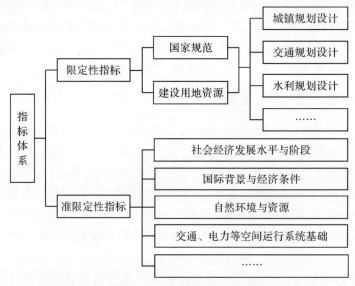

图 3 区域承载力测算指标体系(用门槛分析法)

四、应用实例——海岛承载力测算

环海、狭窄、隔绝,陆域自然环境呈封闭型是海岛的共性,也是海岛与大陆的差异所在。海岛是资源开发利用和经济活动具有开放性特点的地域类型,它以海洋资源开发为基础,与大陆保持着密切的社会经济和文化联系。海岛通过发挥自身的优势,开发海洋资源,进行商品性生产,向大陆输送海洋产品,同时从大陆获取生产和生活资料(如粮食、轻工业品等),从而不断推进海岛的开发。只要海岛与大陆在物质、能量、信息等方面的交换关系存在,海岛总是在不断发展的,有可能达到其环境容量的极限(如水资源、建设用地等开发上限等)。海岛的开发条件与大陆不同,主要表现在:地处沿海开放带的前沿,是面向 21 世纪海洋开发利用的重要基地,岛屿港口、旅游、渔业等资源丰富,开发条件和潜力较大,但现行人口密度很大。据舟山市调查,全市人口密度比浙江省高出1倍,是全国平均水平的7倍。如此高密度的人口单靠农业用地显然是无法承受的,因此从土地资源的农业资源开发潜力来测算海岛承载力,难以为建立正确合理的海岛利用开发指导思想、开发战略和具体的规划布局提供科学依据。为此,我们在省自然科学基金项目——"浙江省海岛环境、资源承载力研究"中运用门槛分析法,分析海岛开发所面临的多种制约因素,从而掌握不同门槛条件下的海岛开发容量,即海岛承载力。

根据海岛的环境和资源特征,研究过程中选择两项指标来研究海岛承载力。一项是水资源指标,主要考虑岛屿本身的水资源量,并按照国家有关城镇生活用水定额指标来测算岛屿的阶段承载力。海水淡化、调水、运水等手段采用对岛屿容量所带来的影响,属未来特定社会经济条件下的可跨越门槛,暂不考虑。另一项是供建设用途的土地资源量,用现有可供人类居住的开发用地(包括现有的工业、交通、城镇用地等)来研究岛屿建设的终极容量。测算结果(见表1和表2)表明,海岛的人口承载力在克服淡水资源门槛以后可以成倍增长。只要粮食、能源等资源能通过区际交通而输入,那么,通过动态经济空间的组织和利用,岛屿有可能达到类似城市的人口容量,并创造出高效率和高密度利用的集聚空间。这为海岛资源的开发利用建立在高层次的战略高度上进行认识、规划和建设管理提供了科学依据。

表1 按水资源量测算的海岛承载力(1985年的工程设施条件下)

岛名	现有人口/万人	50%保证率的年供水量/万立方米	情形(Ⅰ)承载力/万人	情形(Ⅱ)承载力/万人
舟山岛	38.23	10123	120.15	84.10
岱山岛	21.35	1157	13.73	9.61
朱家尖岛	2.62	438	5.20	3.64
金塘岛	4.36	938	11.09	7.76
六横岛	6.40	1134	13.46	9.42
泗礁岛	2.70	104	1.23	0.86
备注	情形(Ⅰ)计算公式:$X_1 = (G-B)/W$(不考虑工业用水) 情形(Ⅱ)计算公式:$X_2 = (G-B-I)/W$(考虑工业用水) 其中:G为50%保证率的年供水量;B为城郊农业用水量;I为工业用水量;W为人均年生活用水定额			

表 2　按建设用地资源量测算的承载力

岛名	现有人口 /万人	建设用地面积 /万平方米	生活居住用地面积 /万平方米	人口容量 /万人
舟山岛	38.23	20942.13	10471.07	180.53~261.78
岱山岛	21.35	4080.11	2040.05	35.17~51.00
六横岛	6.40	4238.05	2119.03	36.53~52.98
金塘岛	0.36	2604.70	1302.35	22.45~32.56
朱家尖岛	2.62	2341.97	1170.99	21.19~29.27
泗礁岛	2.70	494.65	247.32	4.26~6.18
备注	计算公式:承载力 $Z=D\times C\div E$ 其中:D 为建设用地资源量;C 为城镇生活居住用地比重; 　　　E 为人均生活居住用地定额。			

五、结　论

从上述门槛分析在区域承载力测算中的应用研究,可以得出以下三个基本结论:

(1)门槛分析法能够比较科学且精确地定量评估区域的开发容量,它改变了以往只着眼于当地农业型土地资源来预测区域开发前景的观念和方法,为从动态、开放、联系的角度制定区域发展政策提供了科学依据。

(2)门槛分析法从研究区域发展过程中的各种瓶颈因素入手来测算区域发展容量,而对各种瓶颈因素的研究本身就是区域发展规划过程中的重要内容之一。通过各种制约因素的分析、整理,可以直接为区域开发思路、开发重点、区域开发的时空程序安排以及政府决策等提供依据。因此具有很强的针对性和实用性。

(3)应用门槛分析法测算区域承载力,简易明了,可操作性较强。

岛屿分类与分类开发初探

——以舟山市为例

【摘要】 本文从自然、社会、经济、文化等要素在空间上的配置和组合出发,探讨了关于海岛建设与发展条件的综合评估与分类方法;并运用此方法,对舟山市岛群进行了分类,提出岛群空间开发重点、层级、发展方向以及待优化的重点环节。

一、研究的目的

1986 年 11 月,由美国和加拿大的人和生物圈计划委员会、联合国教科文组织、联合国环境规划署和联合国贸发会议共同发起,美国人和生物圈计划加勒比海岛理事会具体组织,在波多黎各举行了"小岛持续发展及管理国际研讨会"。会议明确了小岛的概念,即陆域面积在 $1 \times 10^4 km^2$ 以下,人口不足 50 万人的岛屿,均列为小岛。同时,会议认为,小岛在若干方面已经特殊化,环境十分"脆弱",其开发面临着持续发展、运输、人口、自然资源、生态保护等 20 个关键性问题。

我国是一个多岛屿的国家。据《中国沿海岛屿简况》,全国共有面积 500m² 以上的岛屿 6536 个,其中有人活动岛屿 450 个。众多的岛屿,对于扩展和保持国土疆域,进行海洋开发,以及面向 21 世纪的海洋开发利用和国际贸易,具有十分重要的意义。按照国际岛屿分类法,我国绝大多数岛屿均列属小岛。以舟山市为例,最大的岛屿——舟山本岛的面积才 470km²;面积大于 50km² 的岛屿只有 6 个;面积小于 5km² 的岛屿有 1316 个,占岛屿总数的 98.28%。

岛屿规模小,分布散,使岛屿在社会经济发展和空间运行要素组织上面临种种与陆地完全不同的困难。(1)不能形成具有一定规模和活力的区域成长中心,来带动岛屿的开发和建设。舟山市最大的岛屿舟山本岛,人口 38 万人。人口少且定居点分散,致使城镇规模扩大缓慢,各种生产和生活服务设施难以配套,客观上造成海岛缺乏生产要素和人才智力集聚的环境。(2)岛屿环境封闭,

---

本文原载于《经济地理》1989 年第 9 卷,作者为韩波。文中数据为历史数据。

社会服务设施普遍缺乏,生活环境质量低劣。岛屿孤悬于海面,与大陆及其他岛屿之间的联系主要依靠海运,受自然条件和船舶大小影响很大,一遇风浪大雾,航线就中断,卫生、电力、通信等设施难以配置,即使这些设施能建设起来,也会因无足够的服务对象而萎缩。大陆上国家统一建设的水利、电力等公用工程,海岛缺乏直接的共享性,较大岛屿上的设施也难以为一般小岛所利用。许多海岛实际上是"瞎子"(无电灯)、"聋子"(不通邮、无电话)、"瘸子"(无道路网)。(3)由于海岛陆域狭窄,降水时空分布不均,水资源调储能力差,大部分易开发的水资源已得到利用,进一步提高开发率的工程投资大。据舟山市调查,每吨水资源的开发成本为 7~8 元,比浙江省平均高出 6~7 倍。虽然有的岛屿有富余水量,但岛际无法调配。

岛屿的开发具有自身特殊的条件和优势。就整体而言,岛屿的开发和建设条件一般均不如大陆沿海平原地区。岛屿在社会经济发展水平和现状基础、基础设施的完善程度等方面是有差异的,建设条件和开发利用潜力有所不同。要开发建设海岛,必须从海岛的现状和特点出发,按有关目标进行分类,然后根据不同类型海岛的特点和所存在的问题,进行分类指导和开发。

二、现状海岛分类法概述

这几年来,浙江省有关部门和学术界对海岛形成以下几种分类法。

(一)按行政管理等级分类

根据行政组织和管理原则,按市、县(区)、乡(镇)等级单位,把海岛划分成具有一定行政隶属关系的一组群体。比如舟山群岛组成舟山市,下辖定海区、普陀区、岱山县、嵊泗县等四个区县,以及 7 个区公所,20 个镇,71 个乡。按这种分类法所得到的岛屿区,既是不同等级的行政管理的单元,同时也是政府实施国民经济计划,统计社会经济发展状况,以及研究区域社会经济结构的基本单位。

(二)按照岛屿陆域面积大小分类

舟山市共有岛屿 1339 个,根据岛屿陆域面积大小,进行排队分组,形成不同面积规模的一组岛屿,大于 50km² 的岛屿有 6 个,总面积为 862.9km²;10~50km² 的岛屿有 10 个,总面积为 194.9km²;1~10km² 的岛屿有 42 个,总面积为 126.1km²;小于 1km² 的岛屿多达 1281 个,总面积却只有 57.34km²。

(三)按岛屿人口规模分类

根据岛屿常住人口的数量多少,进行排队分组,取得不同人口规模的一组岛屿。例如,舟山市有万人以上岛屿 14 个,1000～10000 人的岛屿 36 个,千人以下岛屿 48 个。由于人口多少在一定程度上反映了岛屿经济活动的水平以及社会福利设施的完善配套程度,因此,这种分类法常被基层单位用来确定支撑未来区域经济发展的重点岛屿。舟山市在社会经济发展战略中提出,把万人岛屿作为重点岛屿来进行建设,以发挥大岛的优势,组织周围小岛,组成岛屿开发网络。

(四)按产业结构状况分类

根据岛屿产业发展水平,可以将岛屿划分为三种基本类型:(1)零产业岛屿。这类海岛约占浙江省岛屿总数的 90%。岛上无常住人口,面积多在 0.1km² 以下,基本上不存在任何产业。(2)单一产业岛屿。这类岛屿占浙江省海岛总数的 4%左右,其产业结构单一,以渔业(海洋捕捞)为主,兼有少量的种植业。岛屿的陆域面积多在 0.1～1km²,人口一般在千人以下。(3)多产业岛屿。这类海岛在浙江数量不多,但其陆地面积和人口数均占全省海岛陆地面积和总人口的 90%,是海岛居民的居住地,也往往是岛区各级行政中心和文化中心,渔、农、工、商、运输业均有一定发展。

上述几种海岛分类法简单明了,综合运用这些方法,基本上能反映海岛的自然概况、社会经济发展情况以及人口、产业分布情况,为有关部门的研究和决策提供一定的依据。但是,这几种方法很少考虑自然、社会、经济、文化等要素在空间上的具体组合和配置,未能全面地反映出岛屿进一步开发的障碍性问题和潜力,不能为空间开发战略的研究和人口、产业空间结构的优化提供充分的依据。

三、开发利用岛的分类方法探讨

地处我国沿海开放带前沿的空间区位优势与生活环境质量差、交通不便、封闭落后相并存,是海岛独有的社会经济现象。这种现象的主要成因是岛屿规模小,分布散。要加速开发沿海岛屿,必须对现有岛屿空间开发系统进行重组,明确空间开发的战略重点,通过重点岛屿开发,带动周围小岛的建设,发挥群体优势,克服个体岛屿分散、孤立的不利局面,创造具有一定规模效益的空间结构。为此,我们在舟山国土规划工作中,选用四类指标来研究岛屿分类,确认各类岛屿的特点和所存在的主要问题,并将其量化为目标,从而提出针对性的分类开发构思。

第一类指标包括电力设施、乡以上卫生院、通邮、通电话、小学、自来水厂、交通码头、影剧院、中学、岛上公路、交通航线、与大陆通航、集贸市场、城镇等 14 个项目。前 6 项用于考察岛屿现有基本生活条件,是保证岛上居民享受健康、卫生、安全、教育等小康社会的文明而必须具备的起码条件,后 8 项用来评价岛上居民开展各种经济活动的条件。第二类指标主要运用电价情况来分析岛屿的建设条件。第三类指标选择人均水资源量。第四类指标选择人均耕地面积。后三类指标主要用于岛屿人口、产业集聚和发展的条件。

考虑的方法是:(1)将舟山 98 个有人居住的岛屿排成一列。并进行编号,i $=1,2,\cdots,98$,把第一类指标中 14 个项目排成一行,进行编号,岛屿 $j=1,2,\cdots,$ 14。(2)建立判别函数。

$$\Phi_i = \sum_{j=1}^{14} \Phi_{ij} \qquad (i=1,2,\cdots,98)$$

其中,Φ_i 是第 i 个岛屿的判别得分值;Φ_{ij} 是第 i 个岛屿第 j 项目的得分值。若该岛有该项目,则得 1 分;反之,得分值为零。(3)对 98 个岛屿进行逐个考查、计算,将各个岛屿按不同判别得分值和人口规模进行分类,即得表 1。由表 1 可以看出:5 万人口以上岛屿判别得分值最高,14 个项目均具备,基础设施完善。1 万~5 万人的岛屿一般已具有 9 个以上项目,它们主要缺少影剧院、岛上公路网、交通码头及航线。此外这些岛屿普遍缺乏城镇。0.2 万~1 万人口的岛屿大部分没有交通码头及航线、城镇、陆上公路等生产要素集聚和生产发展的基本条件,中小学、水厂、影剧院等生活福利设施不足。0.2 万人以下的岛屿已有一些设备简陋的柴油发电设备、小学、通邮,其他项目严重缺乏,生活和生产条件均比较差。

表 1　舟山市岛屿个数按 14 个项目得分和人口规模分类

单位:个

岛屿按人口规模分组	14 个项目得分分组				
	14 分	9~14 分	4~9 分	<4 分	岛屿合计数
>10 万人	2	—	—	—	2
5 万~10 万人	2	—	—	—	2
1 万~5 万人	2	8	—	—	10
0.5 万~1 万人	—	1	5	—	6
0.2 万~0.5 万人	—	1	15	1	17
0.1 万~0.2 万人	—	—	4	9	13
0.05 万~0.1 万人	—	—	2	8	10
0.01 万~0.05 万人	—	—	—	22	22
<0.01 万人	—	—	—	16	16
岛屿合计数	6	10	26	56	98

注:14 个项目系指电力设施、影剧院、乡以上卫生院、通邮、通电话、岛上公路、中学、小学、与大陆通航、自来水厂、集贸市场、交通航线、交通码头、城镇等,拥有全部 14 个项目的岛屿得 14 分。依此递减类推。

将第一类指标判别得分值在 9 分以上的岛屿,按照第二类、第三类、第四类指标,根据上面的判别函数,做进一步的评价,得出:舟山本岛等 14 个万人岛屿虽然交通、文教、卫生等 14 个项目已经基本具备,但从电价、人均水资源量、人均耕地等三类指标综合考察,它们的开发建设条件是有差异的。舟山本岛、金塘岛、六横岛、朱家尖岛等 4 个岛屿的开发条件较好,其次是大长涂、秀山、桃花、岱山等岛屿(见表 2)。

表 2　舟山市主要岛屿开发利用条件评价

岛屿名称	按 14 种项目兼有程度得分	按电价得分	按人均水资源得分	按人均耕地面积得分	累计得分
舟山岛	14	6	8	10	38
金塘岛	14	/	13	11	38
六横岛	14	3	9	12	38
朱家尖岛	11	/	12	14	37
桃花岛	11	1	10	9	31
虾峙岛	11	2	3	4	20
岱山岛	14	5	5	6	30
大巨岛	14	/	6	8	28
大长涂	11	/	14	7	32
小长涂	10	/	10	2	22
秀山岛	11	/	11	13	35
泗礁岛	14	/	2	3	19
花鸟岛	9	/	4	2	15
嵊山岛	10	4	1	1	16
备注	每拥有一个项目得 1 分	电价最低的岛得 6 分,依次递减	人均水资源最高的岛得 14 分,依次递减	人均耕地面积最高的岛得 14 分,依次递减	

综合上述讨论结果,我们可以得到以下四种不同类型的岛屿,以及相应的开发利用对策。

第一种类型的岛屿是:舟山本岛、金塘、六横、朱家尖、岱山、泗礁等 6 个岛屿。这类岛屿是舟山市、县、区三级政府的驻地,陆域面积较大,人口较多(这 6 个岛屿人口合计为 65.5 万人,占舟山市总人口的 70%);文化教育、卫生保健等服务设施均已建立起来;供电、供水设施也有基础;与大陆沿海港口有定期客轮通航,交通比较方便;岛上也分布有一定规模的小城镇。从现有水资源和环境条件来看,有进一步开发利用的潜力。因此,可以把这 6 个岛列为重点建设岛屿。通过重点岛屿的开发,组织周围小岛,形成群岛开发网络,发挥群体优势,加速岛屿开发进程。

这类岛屿今后的开发重点,首先是进一步充实和完善社会、文化和福利设施,形成智力发展、集聚的优良环境,培养海岛建设与管理人才。其次应大力建设交通、供电、给水、通信等海岛基础设施,提高设施的质量、容量和安全可靠性,促进岛屿与大陆及相互间的物质和能量流动。最后,以港口开发为先导,加强与上海、宁波等城市(镇)的经济技术联系和合作,发展第二产业。同时,积极开发旅游资源,发展第三产业,繁荣海岛经济。

第二种类型是现有人口规模在万人以上的岛屿,有秀山、大长涂、桃花、大巨、小长涂、虾峙、嵊山等岛屿。这类岛屿已基本具备供电、影剧院、中小学等设施。但是一般与大陆无直接交通联系(基本上是通过第一类岛屿中转),岛屿陆域相对狭小,水资源也比较缺乏。因此,该类岛屿的开发目标可以定为周围小岛的商业、文化中心,以及本岛屿居民的生活基地,其开发可以围绕城镇建设和发展,大力发展为商品经济服务的第三产业,同时,根据岛屿渔农盐资源状况,继续扩展第一产业,并相应地发展一些农渔产品加工工业。这类岛屿可作为次重点建设岛屿。

第三种类型的岛屿,其人口规模在 1000～10000 人,现有基础设施比较缺乏,普遍没有影剧院、中学等福利设施,也不具备大量发展生产的基本条件:与大陆通航,有商品市场,有中心城镇等。此外,这类岛屿陆域面积较小,土地资源和水资源也很紧缺。因此,对这类海岛应实行以生活基地为目标的开发,大力发展小城镇,在配套建设各项公共服务,优化生活居住环境的基础上,发展农、林、盐等产业。

舟山市岛屿开发空间战略研究

【摘要】 本文运用问题—核心问题分析法和目标导向空间规划法,探究城镇实力弱、环境封闭和基础设施落后等核心问题;提出了加快城市(镇)建设,大岛建、小岛迁,推进基础设施建设等应对战略。

一、前 言

岛屿有许多与大陆某些地区同样的问题,但更有其特殊性,尤其在发展方面。这主要是由岛屿的自然环境、资源、经济和文化等方面的特点所造成的。1986 年 11 月,由美国和加拿大的人和生物圈计划委员会、联合国教科文组织、联合国环境规划署和联合国贸发会议共同发起,由美国人和生物圈计划加勒比海岛屿理事会具体组织,在波多黎各举行了"小岛持续发展及管理国际研讨会"。会议明确了小岛的概念,即陆域面积在 1 万平方千米以下,人口不足 50 万人的岛屿,均列为小岛。同时,会议讨论了小岛面临的发展机会和局限性,确定了持续发展、运输、人口、自然资源、生态保护等岛屿发展中的 20 个关键性问题。会议认为,岛屿的特点是多样的,然而,构成这一多样性的基础却是这样一个事实:小岛在若干方面已经特殊化;环境十分"脆弱";关于调节人和有限环境之间关系的机制,有很大一部分还不甚清楚。如果对供发展用的资源及供人类活动的岛屿资源的脆弱性没有彻底的了解,则小岛的持续发展仍将是没有把握的。因此,必须努力在每一海岛社会的经济限制因素、生态法则及社会文化各方面之间建立一种平衡。

二、问题分析——核心问题的确认

舟山是我国唯一以群岛设市的行政区划单位。地处我国沿海中部,杭州湾外缘的东海洋面上,长江、钱塘江、甬江入海的交汇处。舟山市具有与大陆内地完全不同的优势和资源。

(1)随着改革、开放、搞活方针的贯彻落实,人们的经济发展观念发生了根本性的转变:第一,打破了过去只重视当地资源,交通线路与城镇布局以平原农

本文原载于《浙江学刊》1990 年第 5 期,作者为韩波。

业为中心,依靠陆域发展经济的框框。以沿海深水大港及中小港口为中心和依托,组织交通网络和城市的建设,推动经济发展的海洋经济思想正在逐步树立起来。第二,认为沿海地区是国土"边疆"的思想正在转变为沿海地区是经济建设上的核心地带的思想。第三,沿海地区从传统的以农、渔、盐和舟楫之利的大农业资源开发为主体,正逐步转向以港口、工业、城镇建设为核心,建立多目标、多层次的系统开发。基于这种认识上的转变,1984年以来,我国先后在沿海地区建立了经济特区、沿海开放港口城市、沿海开放地区及海南特区。在国土空间开发格局上形成了纵贯全国、面向未来的沿海开放带。舟山市地处这个开放带中部的最前沿,背靠上海、宁波等大中城市。这种独特的空间区位优势对于面向21世纪的社会经济发展,具有十分重要的战略意义。

(2)自然环境各要素的有机组合,构成了舟山市丰富的且具有明显地域性的"渔、港、景"三大资源。这三大资源都具有全国意义:①全国最大的渔场和渔业生产基地。舟山市常年渔获量在40万吨左右,占全国海洋捕捞量的1/10,占浙江省的一半以上,且商品率高达90%。②全国沿海中部深水港资源的集中分布区。全市有可供开发的港口岸线123千米,其中深水岸线90千米。各港域有岛屿环绕,水域宽阔,不冻不淤,避风条件好。航道口门多,主要进出港航道水深在17~21米,15万吨级重载船可自由进出,20万吨级重载船可乘潮进出。③全国最大的海洋群岛旅游资源分布区,舟山的旅游资源集中分布在以普陀山为中心的由普陀山、朱家尖、沈家门组成的三角地带内。普陀山是我国四大佛教名山之一,也是唯一位于海岛的佛教圣地,有"海天佛国"之盛誉;沈家门是舟山渔场和渔港的中心,每逢汛期,成千艘渔船来往港内,该镇背山临港,渔船、渔港、渔镇融为一体,构成了独特的海洋旅游风光。

然而这些有利的空间区位资源和当地丰富的本位资源,未能为舟山市所开发利用。三大优势资源中,除渔业资源已得到较充分的利用外,深水港资源和旅游资源基本上仍处于待开发状态。在深水港的建设上,已经建成的仅老塘山港区一个万吨级泊位,来舟山旅游的人数虽已达94万人次(1986年),但绝大多数集中于普陀山一地,是一种信仰和访古旅游,其他岛屿游人寥寥无几。海洋旅游与青岛、北戴河等海滨旅游胜地相比差距甚大。在经济方面,除渔业经济获得较大发展外,工业发展不快,直到1977年,工业产值才超过农业生产值。1986年,舟山工业总产值为10.53亿元(按1980年不变价格计算),占工农业总产值的68.11%。但与全省其他市地比较,舟山工业之落后仍十分明显:(1)舟山工业在经济中的比重低于全省平均水平。人均工业产值,1986年全省平均为1657.29元,而舟山市县只有1334.55元。(2)工业生产效益不高。舟山市每百元固定资产原值实现的产值为120.66(全省平均155.25元)元,每百元资金实现利税17.24元(全省平均27.53元),流动资金周转天数为147.45天(全省平均 89.27 天），劳动生产率为 11156 元（全省平均 18754 元），这几项指标中除周转天数高于全省平均外，其余均低于全省平均水平。（3）舟山工业是围绕本地渔农业资源发展起来的。水产品加工、渔船、渔农机械设备修造及其他辅助工业的产值约占全部工业产值的一半。而其他依靠区际协作关系而发展起来的工业则比较少。这种状况一方面固然反映了舟山现有工业经济结构的优势，另一方面也说明了舟山工业在区际劳动地域分工体系中的地位较低这一现实。

市域国民经济发展水平比较低，客观上导致舟山市在资源开发上形成两个"低水平均衡陷阱"：①国民经济与港口开发之间的"陷阱"。按舟山市目前工农业总产值仅 15 亿元计算，全市港口货物吞吐量约为 500 万吨。这点运量依靠现有港口设施基本上可以解决，不能对深水大港的开发形成强大的刺激力和推动力。在这种情况下，即使深水泊位建成了，也将因其缺乏足够的服务对象而难以维持运行。②地区经济力量单薄，难以提供大量的资金建设以交通为主体的岛屿基础结构，开发海岛旅游资源，发展旅游业。反过来，通过发展旅游业，大量吸引外来人流，扩大本地的消费市场容量，刺激地区经济发展，逐步建立起外向型的经济结构，从而在较高层次上形成一个相互促进的良性循环。

造成资源开发滞后，经济发展水平低下，资源开发与经济发展之间"低水平陷阱"的问题是多方面的。一是长期以来，舟山是国防前线，属非重点经济建设地区，1951—1978 年，国家仅在舟山投资 2.3 亿元，其中：生产性 1.8 亿元，包括渔业公司 1 亿元，非生产性仅 0.5 亿元。而税收等方面并未给舟山以一定的优惠，造成逆向"输血"。二是这三大资源包含着性质不同的开发条件和特点。但中心问题仍是海岛的环海性、狭窄性、隔绝性特点导致区域空间的不连续、破碎、分散，使岛屿的各种自然、社会经济要素难以在空间上有机组合，缺乏一定的空间运行效率（见图 1）。

第一，形不成有一定规模的中心城市和各级城镇。舟山市人口分居于 98 个岛屿，最大岛屿——舟山本岛人口也仅 38 万人。1 万人以下岛屿共有 84 个。人口少，难以建立起相当规模的中心，客观上造成缺乏生产要素和人才智力集聚的局面。

第二，海岛与外界的交通联系主要依靠海运，受自然条件和交通工具质量的影响极大。一遇风浪大雾，便很难与大陆和周围岛屿进行人、物往来，造成环境闭塞。

第三，大陆上国家统建的水利工程和电力网等，海岛均因一水之隔而失去直接的共享性，较大岛屿上的生活服务设施一般也难以为小岛所利用。而小岛本身又无能力投资建设基本的设施，同时也缺乏维持设施运转的门槛人口。因此，许多海岛实际上已成为"瞎子"（无电灯）、"聋子"（不递邮、无电话）、"瘸子"（无道路网）。据调查，舟山 98 个有人岛屿中，有 41 个岛没有电，34 个岛无小学,78 个岛无影剧院,46 个岛无通邮,60 个岛无电话。

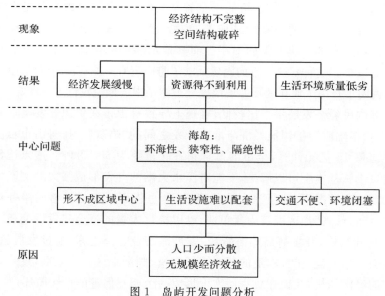

图 1　岛屿开发问题分析

三、目标分析——开发思路与对策的探寻

　　海岛环海、狭窄、隔绝这三个特性,不但对经济活动和发展、资源开发起着严重的制约作用,实际上更对岛区居民的生活带来严重的影响,造成基础设施落后,文化教育、医疗保健设施缺乏,生活环境质量差等。对于这样一个特殊区域的开发,应注重以形式区域为基础的价值规划研究,通过建立区域合理的经济结构和优化产业要素的配置,来实现经济增长的目标,无疑是十分必要和重要的。与此同时,更有必要从实体区域的角度出发,充分考虑海岛区域空间不连续性的特点和条件,研究岛屿开发的空间组织问题(见图 2)。以人为核心,以人口、产业分布的空间优化为目标,通过城镇的建设以及交通、邮电、通信、电力供应等空间运行要素的开发与组织,建立高效率的区域空间结构,造成空间诱导人口和产业的空间系统,使区域对人才、技术、资金具有极大的吸引力,从而促进海岛的开发。

　　海岛所处的环境条件不同于大陆,岛屿小而分散,交通不便,安全性差,环境闭塞,从舟山地处沿海开放带前沿考虑,其应该有较大的发展,但因处处受封闭性和规模小的限制,其社会经济均较落后,这种在大区域范围内的优势和单个岛屿的落后状态并存是海岛特有的现象。要开发海岛,就必须正确处理群体和个体的关系,通过群体开发,创造具有一定规模的经济效益。具体来说,是要选择那些位于区位中心的大岛,建立开发基地,发挥其在岛屿开发中的作用,组织周围岛屿,组成海岛开发网,发挥群体优势,克服个体岛屿的分散、孤立的状态。

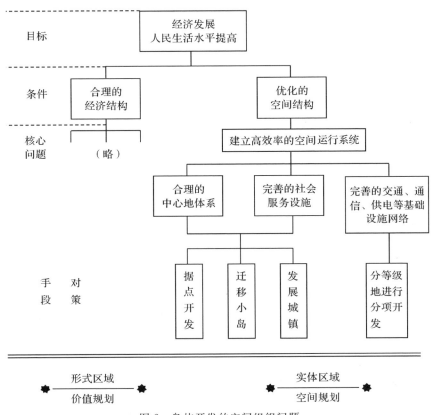

图 2　岛屿开发的空间组织问题

(一)加速舟山本岛的开发和建设

舟山本岛位于舟山群岛偏南的位置,面积 470 平方千米,是我国第四大岛,舟山最大的岛屿。本岛周围分布着一系列岛屿,它们之间的时间距离在 2 小时左右。

舟山本岛的开发具备许多有利条件:(1)港口资源比较丰富。舟山水域的主要深水岸线资源分布在该岛及附近岛屿。其地理位置又处于全国以至远东水运格局的战略机动点上,正好是全国南北海运交通航线的中心,长江航运干线出海口的南翼,具有特殊的区位优势。(2)舟山本岛距大陆较近,距宁波市中心 35 公里,与大陆联系方便。从发展看,岛屿的道路网、电力网、供水系统等,在大规模开发的条件下,都需要与大陆联系在一起,获得大陆的支持。目前宁波镇海至舟山鸭蛋山的海峡客车轮渡航线已经开通,宁波至定海的 1 万伏直流输电工程已建成投入使用,这在一定程度上改善了岛屿的开发条件。(3)本岛集中了全市近40%的人口和60%的工业产值,岛上分布着一个小城市、两个建制镇,客观上全市已形成以舟山本岛为基地的岛屿开发系统。(4)舟山旅游资源主要分布在普陀山—朱家尖—沈家门组成的三角地带内。这些旅游资源的开发和旅游业的发展也需要本岛的支援。

加速开发和建设舟山本岛,必须以港口开发为先导,以港兴市,使舟山市成为舟山群岛的政治、经济、文化中心,并发挥其多功能综合性城市的作用。第一,抓住时机,积极努力,开发和建设老塘山港区。第二,合理布局生产力,促进城镇发展。以港口开发为先导,积极开展横向经济联系和协作,利用外来资源,输入能源,在老塘山建设外向型滨海工业区,壮大生产要素的集聚规划。把舟山市的主要加工产业集中布置在定海城关镇与沈家门镇之间,把区域性行政、教育、文化、科研机构集中在定海城关镇,形成人口和智力集聚和开发的优良环境。扩大岑港、白泉两个小城镇的规模。第三,完善城市(镇)的基础结构,充实社会服务设施。建设定海城关至沈家门镇的一级公路,并向西延伸至老塘山。以该交通线为纽带,建设由定海城关镇、沈家门镇、老塘山工业区组成的、经济开发空间的调整与发展余地大、能适应人口和生产要素集聚的组团型城市。在城市内部配套建设完善的公共服务设施。

(二)迁移与开发相结合,大岛建,小岛迁

舟山市有48个千人以下岛屿,这些岛屿普遍存在着生活服务设施缺乏,生活环境质量差的问题。岛屿分散,规模小,是造成这些问题的根本原因。

从城市规划角度分析,当社区人口规模达到5万~6万人时(相当于城市中一个居住区的规模),则社区内部可以配套建设起完善的生活服务设施,如商店、中小学、幼托所、医院、影剧院、体育场等。当社区人口在0.5万~1.5万人时(相当于小区一级规模),其内部可以建设起一些人们日常必需的公共设施。舟山地处海岛,岛屿之间在公用设施方面难以相互利用,由此导致投资大、社会和经济效益低下的(特别是小岛)以岛为单位、自成体系的格局。为了降低各项设施的单位建设投资,改善生活环境质量,则岛屿的比较理想人口应达到5万人以上,至少也应达到1万人以上。一方面,这种人口再分配调整方案,虽然在水资源、用地等方面能够完善平衡,但涉及面广,需调整迁移的人口占全市的14.12%,工作难度大。另一方面,万人以下、千人以上岛屿现已有相当的生产和非生产性设施基础,若人口全部撤出,等于放弃对它们的利用,浪费颇大,不够现实。

根据国家的有关公建定额指标,以及舟山的现状和实际,调整千人以下岛屿的人口再分布,不但必要,也是可行的。(1)有助于缩短战线,节约投资,加速生活和生产环境的改善。(2)在水资源和环境承载力上可以平衡。(3)渔民不同于山区农民(土地对农民具有明显的束缚力),渔民的作业点在渔场,在现代渔业生产工具条件下,作业不受很大影响。(4)许多小岛上的人们基本上是从大陆沿海迁去的,他们乡土观念不像农民那样根深蒂固,性格比较开朗。此外前者比较富有。(5)海岛环境具有明显的相似性。因此只要政策合理,迁移工作是可以完成的。事实上,随着商品经济的发展,舟山市已有 6 个小岛上的人们自发地迁入了邻近的岛屿。当然,对于一些具有特殊功能和开发价值的岛屿,可以保留。

(三)依托港口,积极发展小城镇

1986 年,舟山市共有 17 个建制镇,城镇总人口 33.87 万人,城镇化水平为 35.96%。据预测,至 2000 年,舟山市城市化水平将提高到 45%~50%,约 50 万人。

岛屿小而分散,是造成对外联系不便,制约岛屿开发的根本原因。而岛屿人口分布不集中,形不成一定规模的城镇,也是影响岛屿经济发展和人们生活质量难以改善的一个重要因素。因此,在重组岛屿开发体系的过程中,必须依托港口,发展小城镇。首先,加强岱山县县城高亭镇和嵊泗县县城菜园镇的建设。这两个城镇的人口规模分别为 3.1 万人和 1.08 万人,镇内已经有一定的基础。积极建设高亭镇和菜园镇,有助于它们对周围岛屿开发的组织和促进作用。其次,通过发展渔、农、商业经济,繁荣海岛经济,统一规划,合理布局等方式,扩大建制镇的规模。最后,人口在 1000~5000 人的岛屿面积一般都小于 4 平方千米。因此,完全可以在不影响生产的前提下,把人口适当集中起来,形成有一定规模的小集镇,有利于统一安排、建设公共服务设施。

(四)加强交通网络的建设

把港口、交通、通信、供水等空间运行要素的开发和建设放到岛屿开发的战略或目标位置上,对于舟山这样一个特殊的区域来讲,具有十分重要的现实意义和长远的战略意义。以交通为主体的岛屿基础设施的建设,必须有计划、有重点地解决两个方面的问题:(1)舟山市与大陆的联系。舟山岛、岱山岛、泗礁岛、金塘岛、六横岛、朱家尖岛,人口较多,工业、渔业、农业等生产基础亦比较好。同时,这些岛屿基本上分布在大陆沿岸附近,与大陆距离近,联系比较紧密。随着岛屿的开发,其与大陆在人流、物流、信息流等方面的交换强度势必增加。因此除了增加这些岛屿至上海、宁波等港口的客轮航次,改造现有客轮,在提高安全性、舒适性的同时,应积极筹建气垫船、快速游艇、客车渡轮、飞机等先进的交通工具,加快运行速度,扩大容量。(2)根据岛屿的功能和作用,组织上述 6 个岛屿与周围岛屿的交通联系,提高岛群的整体性和开放度。

四、几个政策性问题

岛屿开发是一项十分艰巨的工作,根据将来开发和建设的要求,有以下几方面问题需要做进一步的研究。

(一)制定有效的资金筹集政策

人是任何区域开发战略中的核心,民众积极参与区域开发有助于增强他们对自身能力的信心,并激发他们的责任感。

岛屿开发,需要大量的资金投入。舟山无论城镇居民还是渔民的收入都是很高的,列全省之首。因此,应该立足本地,充分依靠群众的力量,制定出一套正确的集资政策,把社会上闲散的资金筹集起来。这样既可以解决一部分建设资金,也可以激发广大居民对海岛建设的责任感。

(二)关于人口再分布和城镇建设政策

小岛人口的迁移、城镇的建设,涉及户籍管理、土地征用、劳力安置、供水、供电等一系列问题,牵涉面广,政策性强,需要有一个强有力的专门机构和一整套政策法规的配合。目前,这方面的矛盾颇多,亟待解决。

(三)关于军民合作

突出的军事职能,一方面对舟山经济发展曾有过很大的制约作用,另一方面对岛屿开发也有一定的促进作用。在今天新的形势下,应该研究一下如何进一步开展军民合作,共建海岛的政策与措施。现在这方面工作已经有了良好的开端,如利用登陆艇开展舟山岛与岱山岛的客车轮渡服务,利用军工技术生产电扇、电须刀等。如能扩大这种合作,则无疑有助于加快海岛建设步伐。

关于城乡划分标准问题的几点意见

【摘要】 1984年调整的设镇标准,放大了市镇政区,夸大了城镇化的水平,对制定政策、编制规划、学术研究和国际对比带来影响。本文从市镇建制标准、市镇的地域范围、市镇人口的统计口径、城镇地域的命名系统等方面,提出了城乡划分标准的合理化建议。

现阶段我国城镇化水平还低,城镇型居民区的扩散现象不普遍,城镇地域和乡村地域无论在经济条件还是较居民生活方式上,都有明显差别,在制定市镇建制标准时,相应地制定较为客观的城乡划分标准,使建制的市镇能够比较实在地确定城镇地域,并在一般情况下使市镇政区符合城镇地域的范围,是完全必要的,也是可行的。可是,20世纪80年代初以来实行的放宽了的设市标准和1984年调整的设镇标准,脱离城乡划分标准的客观要求,往往撤县建市、撤乡建镇,结果以市代县、以镇代乡,而城镇实体的地域范围不清。1982年起,市镇人口的统计口径放弃了1963年的规定,把市、镇辖区内的总人口计作市镇人口。这本来是正常的,然而由于撤县建市、撤乡建镇的情况大量存在,放大了市镇政区,在城镇实体范围不清的情况下,统计上夸大了城镇化的水平。加上农业人口和非农业人口算法上的缺点(这一点1988年8月已在国务院批准的国家统计局《改革我国农业、非农业人口划分标准的试行方案》中得到了纠正——作者),使本来已成问题的城乡划分标准更具模糊性。以上问题的存在,使精确统计和正确认识城镇的经济和社会状况发生困难,对制定政策、编制规划、指导工作不利,同时也给学术研究和国际对比带来不便。

合理确定城乡划分标准,必须同时解决以下四个问题。

一、建立合理的市镇建制标准

我国现行设市标准仍然沿用国务院1955年的规定,聚居人口在10万以上的居民点可以建市。人口不足10万人的,须是规模较大的重要工矿基地、省级国家机关所在地、物资集散地或边远地区的重要城镇,并确有必要时,方可设市。这一标准基本符合我国人口众多的国情,只要不把市的行政辖区与城市实

本文原载于《人口与经济》1989年第1期,作者为王嗣均、韩波。

体的地域范围混同,即使设市的人口标准有点摆动,也不至于影响城乡划分标准。影响较大的倒是来自镇的设置。1955 年、1963 年、1984 年的三次规定,设镇标准中的聚居人口数和非农业人口比重两项指标各不相同,镇的个数和人口数也随之波动。1984 年建镇标准调整后,各省区新建制的镇大量涌现,但掌握的标准不完全一致,甚至有相当大的出入,说明镇建制标准带有一定的不确定性,从而也使城乡划分标准带有某种不确定性。我们认为我国幅员广大,在特殊环境下建镇标准有些差别是允许的,但从国家宏观控制和国内统计数字有可比性的角度考虑,设镇的人口标准宜基本统一。这里需要提一下的是,1984 年调整的标准,虽然提供了大体统一的人口尺度,但它着眼于变乡为镇,偏离了城乡划分的具体概念,仍然存在讨论的余地。按照我国的情况,聚居常住人口在3000 人以上,其中非农业人口占 70% 以上,作为设镇建制的标准比较合适,因为它能综合地反映近期全国各地人口分布、经济社会发展程度和自然条件的特点。

二、合理确定市镇的地域范围

按现行市镇建制标准,市、镇辖区过大,农业人口比重过高,有必要建立一个以城镇地域概念为基础的市镇辖区标准。

任何城镇总有建筑物连绵的地域,这就是城市规划中常用的建成区概念。建成区是城镇地域的基本部分,是市镇的主体。但是,城镇在成长,建成区的界线是一条经常变化的动态界线,一般不与任何一级行政区划边界一致,统计上有许多困难,因此需要有一条相对稳定的外围边界。外围边界可以选取规划控制区的界线。按照我国城镇总体规划的年限,远期一般为 20 年,在远期规划中,通常都根据规划建成区确定一个规划控制区,这个规划控制区包括现状建成区和与城镇未来发展紧密相关的、有一定面积的、能够基本上满足规划期内城镇扩大等要求的郊区。由于控制区边界在一定时期内相对稳定,因此可以把规划控制区作为城镇地域范围来看待。规划控制区的范围,根据以下三个原则来确定:(1)规划控制区内的非农业人口占总人口的比重,城市不低于 80%,镇不低于 70%。(2)规划控制区应包括现状建成区和城镇有关设施(如供水管线、变电所、城镇水源地等)已经涉及的地区,以及根据总体规划,与规划建成区及城镇某些设施有关的地区。(3)尽量使规划控制区界线与行政区划界线吻合。市规划控制区可以与乡级边界一致,镇控制区可以与村的边界一致,以便统计。

三、明确市镇人口的统计口径

如果把规划控制区作为城镇地域,以此建立市区和镇区,那么市镇区域内的全部人口,包括农业和非农业人口,都是市镇人口。这个统计名称,看起来与现行的名称一致,实际上统计口径是大不相同的。它接近真实,在国际上也较为可比。从区划角度考虑,规划控制区还可以进一步分为已建成区和未建成区两种子区域类型。居住在未建成区的人们,经济活动和生活方式与建成区内的人们也有些差异,但他们与城镇地域以外的人们显然也有差别,他们使用城镇公共设施的频率明显高于后者,与建成区的关系也较后者密切,这正是城镇近郊区的特点。

四、理顺城镇地域的命名系统

城镇地域命名系统似乎与城乡划分问题无直接关系,实际上理顺命名系统有助于澄清市镇建制和城乡划分中的混沌状态。我国现行的城镇地域命名系统和行政区域单位命名系统存在着两个问题:一是市建制的城市不分大小统称为市,区分不够明确;二是行政区域命名重复使用市的概念,市中套市,非常混乱(见图1)。汉语具有丰富的词汇,完全可以建立一套明确的城镇地域和行政区域命名系统。城镇地域的命名可以按"都—市—城—镇—街(集)"来组织,行政区域单位的命名可以按"省—郡—县—区—乡—村"来组织。前者既代表城镇实体地域,同时也是一种行政管理单位,与后者存在着如图2所示的关系。改变命名系统当然会让人感到不习惯,但这只是个适应的时间问题,而不是实质性的困难。

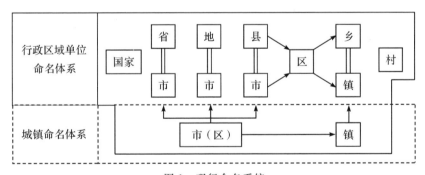

图 1　现行命名系统

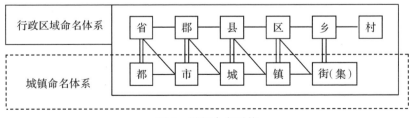

图 2　设想命名系统

小城镇总规深化与完善的重点、内容和深度

——基于控规编制视角的思考与探索

【摘要】 本文指出,现行总规与政府管理、横向协调、控规编制等要求之间存在着差距;提出了新增容积率分区规划、深化公建和基础设施的规划、细化道路网规划设计等重点、内容和深度。

一、引 言

党的十八大提出了加快发展新型城镇化的战略,这在提升小城镇地位和作用的同时,也对小城镇规划的科学性、可靠性、可行性提出了更高的要求。

《城乡规划法》和《镇规划标准》实施以来,业界在小城镇总体规划编制方面做了许多探索和研究,有一些新的进展。但从规划体系的结构框架、层次设定及内容、深度分工等方面来看,这些新的进展多侧重于总规编制中区域层面研究或内部布局优化和提升,对总规如何更科学管理、协调和指导下层次控规编制这一课题,业界关注不多,相关研究成果主要集中于探讨规划管理单元编制以及总规和控规的联动编制。因此,围绕总规管理协调的功能以及控规编制问题,探索与研究小城镇总规编制的若干理论与方法,具有一定的理论与实践价值。

二、总规问题及其症结

城镇总体规划是严肃的法定规划,有法定的编制内容和审批程序。其规划的主要任务有三个方面:(1)研究并确定镇域城乡发展的总体目标和空间部署;(2)研究并规划城镇内部的土地利用框架;(3)指导下层次控规的编制工作。总体目标是为政府管理、部门协调和控规编制提出科学、合理和明确的规划依据。

从多年审查会议所反映的意见和规划的实施情况来看,现行城镇总体规划成果较为普遍地存在着调查研究不够深入、分析论证不够透彻、综合协调不够到位、规定性内容刚性不足等诸多问题,与规划管理工作、部门协调和下层次规

本文原载于《中国城市化》2014 年第 8 期,作者为韩波、李光安、李小梨、顾贤荣,内容有改动。

划设计的要求还有不小的差距。

(一)与政府依法行政的管理要求有差距

《城乡规划法》规定:(1)经依法批准的城乡规划,未经法定程序不得修改(第七条)。(2)修改镇规划前,应当对原规划的实施情况进行总结,并向原审批机关报告;修改涉及强制性内容的,应当先向原审批机关提出专题报告,经同意后,方可编制修改方案。修改后的规划,应当依照第十三条、第十四条、第十五条和第十六条规定的审批程序报批(第四十七条)。(3)控制性详细规划修改涉及镇总体规划的强制性内容的,应当先修改总体规划(第四十八条)。

面对法律的刚性规定,面对日益完善的监管监督,地方政府尤其是市场经济发育程度比较高、公民意识比较强的县市政府在城市规划管理方面更是努力地践行着党中央一再强调的依法行政理念和要求。

然而,当今地方政府和规划管理部门经常遇到的问题是,如果依据已批总规,会发现很多建设项目难以落地操作或控规无法编制下去;根据项目情况走总规修改程序,管理责任是可免了,但也担心太长时间的修改程序会影响建设进程,进而也会带来其他的责任;不走总规修改程序,虽然可图一时的管理方便,眼前的建设进度加快了,但是,面对违法违规行为必将付出的沉重代价,此路也不好走。总而言之,现今要真正做到依法管理困难重重,处境甚为尴尬。

面对现行总规成果在科学性、合理性上普遍存在着诸多问题以及所诱发的频繁修改问题,一些地方开始探索若干变通办法。例如,对总规采取编而不批;或在总体规划未批的情况下,以控规反复修改总规,并作为审批依据;或通过专项规划修改强制性内容的方式,绕过总规和控规,作为审批依据等。这些边调整、边审批的做法,虽与规划法第二十条有所抵触,法理上并不成立,也影响了总规的严肃性和权威性,但实属无奈之举,情理上有可以理解的一面,此其一;其二,容易给总规的统筹协调造成一定的影响。

(二)与横向部门的协调要求有差距

强制性内容是城镇总体规划的核心内容。城乡规划法规定,规划区范围、建设用地规模、基础设施和公共服务用地、水源地和水系、基本农田和绿化用地、环境保护、自然与历史文化遗产保护以及防灾减灾等内容,应当作为镇总体规划的强制性内容(第十七条);修改涉及镇总体规划的强制性内容的,应当先修改总体规划(第四十八条)。

强制性内容是城镇总体规划综合协调各个部门发展目标、规模和空间布局的成果形式,也是各部门发展规划内容的一种体现方式,是实现一定区域范围内规划一张图、建设一盘棋的重要抓手。总规强制性内容不够细致,综合协调不够到位,实施刚性不够硬朗,必将导致总体规划内容的空洞化和修改、变更的频繁化。

由于现行的总规在编制阶段,从部门动员、调研到规划方案的综合分析、论证、协调以及成果的表述等,都还不够深化与完善,成果中强制性内容也就不够具体。因此,在总体规划会审时,部门之间没有太多、具体的细节可以协调。但是到了实施阶段,各个部门尤其是土地部门、水利部门、交通部门等落实自身规划的时候,才发现有很多内容与总规之间存在较大的偏差。由此,总规陷于"马拉松"式的频繁修改状态。

现行规划成果强制性内容所存在的不够科学、合理和深化等问题,既可以举出许许多多总规实施过程中的修改案例来佐证,也可以借用浙江省的法规从侧面加以证明。

《浙江省城乡规划条例》第二十七条指出:"城乡规划中交通、水利、电力、燃气、通信、给排水、环境卫生、绿化、消防、地下空间开发利用、人民防空、医疗、教育、文化、体育等专项规划由城乡规划主管部门和有关部门共同组织编制,报本级人民政府审批。"这表明:(1)在有了总体规划之后,建设项目的规划许可还需要有专项规划的支撑;(2)从法理上看,此条文还有必要对"城乡规划中的有关专项规划"以及与《城乡规划法》第四十八条以及第三十七条、第三十八条的衔接做出一些界定和说明才能成立,如此规定也属无奈之举。

(三)与控规的编制要求有差距

规划范围内确定各地块容积率等指标的依据是否合理、公共服务的配套是否合理和局部路段红线的定位是否能与整条道路衔接等三个问题,并非控规所能完全把握的,而是总规层面必须解决的问题。

1.未能提供容积率等指标的规划依据

总规未能为容积率等指标的编制提供充足依据。其一,包括《城市用地分类和规划建设用地标准》《城市规划编制办法》和《镇规划标准》在内的总规编制规范或文件,都没有容积率等指标的规定内容,无法为控规提供直接的编制依据。其二,现行的总规成果没有分区容积率的规划内容,难以直接指导各个片区或单元控规指标的研究与确定。其三,各地的《城市规划管理技术规定》虽有旧城与新区这类分区容积率规定,但并不能据此来比较科学、合理、公平地指导、确定地块的相关指标。现行的《城市规划管理技术规定》不但难以起到指导控规编制的作用,恰恰相反,它起到了控规指标平均化的作用。为了减少修改,绝大多数的控规在地块指标上选择有关规定的上限,甚至出现几十公顷或几个平方千米的居住用地指标都设定为 1.0~3.0,建筑限高全为 100 米的情形。

2. 未能提供公建设施的配套依据

由于没有容积率分区内容的指导，较之以用地面积、容积率、套型面积及比例、人均住宅建筑面积等因素综合推算出的较为合理的人口容量，现行总规依据人均用地指标所匡算的人口容量必定是非常粗略的，这使得总规为相关公建设施配套所做的规划框架失去可靠的基石。

进入控规阶段后，由于地块容积率指标的引入，人口数便大幅增加，公建设施数量、布局等问题油然而生。以平阳县昆（阳）鳌（江）中心城市的总规和已编制的控规所做的比对显示为例，2012 年已完成控规编制的建设用地为 2758 公顷，约占总规建设用地总面积的 70%，但各控规所预计的人口总数已达到 41 万人，大大超过了总规的设想人口数。在全城开发总量控制缺位的前提下，控规的开发容量超过总规确定值，并不奇怪。这引发了两大问题：一是公建设施规模和数量的确定与布局，是以总规还是以控规为准？若按照总规，会不会出现配套不足？若依从控规，是否造成重复建设和浪费？议论纷纷，莫衷一是。二是如果考虑了容积率因素，那么总规采用人均用地指标所勾画的城镇空间框架的合理性又如何评估？

3. 未能提供道路红线的定位依据

道路虽属总规强制性内容，但在以往总规中研究并不足够深入。首先，《城市规划编制办法》和《镇规划标准》没有对道路提出中心线和两侧红线的定位要求，也没有要求从全局角度对不同线型下两侧沿线地块、建筑的社会、经济、环境等影响进行评估。具体到控规阶段时，由于作业对象是片区或单元空间，或控规编制单位不同，就很难对道路进行全路段的分析、评估并提出定线对策。道路未定位而造成的控规大范围调整甚至变更总规的例子数不胜数。其次，以往的总规比较注重主、次干路的规划，而把支路、小巷规划留到控规阶段，作为细分地块的一项辅助性工作。从后续规划编制情况来看，这样的做法使得控规阶段的具体落实无据可依，只能凭经验而作，支路、小巷时常被忽视而缺失，或片区、单元间对接困难，造成毛细血管发育不足，影响整体交通功能。即使控规予以重视，但困于有限的规划范围，难以把握住与周边支路、小巷网络的合理对接。小街、小巷的规划不当，尤其会对后续的老城区保护、改造等规划、管理带来不利影响。

上述各种源发于总体规划的问题，其症结是责任不太清楚，重点不太突出，分析研究不太深入以及协调不太到位。

第一，总规的功能和作用关系在理论上不够科学与清晰。总规关注区域关系、城乡关系、总体布局的研究和设计，注重理念和图式概念，这本身无可非议。然而，密切结合实际，注重总规的具体化，也不可忽视。现行控规的确面临着一些宏观背景依据不足的问题，例如，如何应对总规实施中的变化要求，如何把握分区开发强度以及重要的公共设施、基础设施、各级公共绿地落地困难等。但引起这些问题的原因并不在于控规本身层面,而在于总规层面,故应该通过深化和完善总规的内容、深度、强制性规定,或者通过深化城市管理技术规定等方法来解决。

第二,良好的工作条件未得到充分的利用。过去没有大比例尺的地形图,总规只能采用1:5000~1:10000比例尺的工作图纸,这使道路定位与相关的分析论证工作比较困难。如今,一般镇总规用地范围内都有了1:500或1:2000的地形图,并已拼入万分之一图中,数据信息相当的完善,这为改进道路规划提供了很好的条件。但这资源至今未得以充分利用,仅是一种普通底图,勾画一下现状用地,统计一下用地数据,仅此而已,在道路设计上较之以往仍没有发挥其应有的作用。此外,虽在总规之外有单独编制道路专项规划的实践,但其因过于专注道路内容,缺乏对道路沿线两侧地块、建筑、经济、人文等的综合分析与研究。从总体上看,专项规划的作用其实十分有限。

第三,规划精神遭受物质和特定社会背景的冲击。分析研究、比较论证、各方利益(包括经济、社会、生态、权益等)协调与再平衡、道路定位等一系列的新工作,将大大增加总规的工作量和难度。在目前急于求成、规划大提速的社会背景下,总规要进一步深化、细化所面临的困难的确很多。而控规进程随项目实施而定,时间上相对宽松,所以,一些本应由总规解决的重大问题和矛盾滞延到了控规阶段,这诱发了控规问题多多的一种假象。

三、解决方案的基本理念和方法

通过对总规问题的思考与分析,借鉴经验,统筹考量,厘清、充实、深化总规的指导内容,增强、提升总规的控制和引导作用,使规划体系中的各层面规划分工科学且明确、作用合理且到位,由此提升城乡规划的科学合理化,提高有效性和可行性。

(一)新增和深化总规强制性内容

总体规划虽然明确了刚性的内容,但刚性内容不够准确和明确,导致在执行过程中容易走样,而且更改随意。为了严肃其法律定位,有必要从系统整合的角度,对总规与控规再做思考与探索——将一部分刚性内容上升到法律层面,并按照法定性内容、政策性内容、引导性内容分别进行编制和审批。

(二)增强部门间的衔接和统筹

总规必须对各个部门的规划基础和设想进行深入的剖析,进行更为科学、合理的统筹,既要避免对接不足造成对各个部门的影响,也要避免各个部门随意更改给总规整体架构带来的负面影响。即在协调、保证各个部门利益的同时，框定部门规划的规范和更改条件，使"多规"能够在总体规划的指导下实现"合一"。

(三)增强对控规的指导作用

控规编制单元的提出虽然在一定程度上缓解了控规的矛盾，但依然没有从根本上找到解决规划管理体制问题的出路。详尽细致的调查和分析可以帮助寻找出核心问题，而基于经济、社会、环境、生态、人文、法理综合研究和论证之上的城镇、建筑空间环境规划可以不断地深化对于规划对象的认识，把握其本质和客观规律，有助于接近多赢的、和谐的和可操作的规划方案。这是规划学科的基本研究方法，也是当今国外城乡规划发展的根本趋势。这样的做法虽然比较困难，但却是规划转型、升级的一个机遇，且能最大限度地为控规提供依据，使控规的刚性能够得到较好的发挥。

四、深化与完善总规的重点、内容和深度

(一)新增容积率分区规划内容

针对以往控规和管理中所存在的容积率等问题，以及《城市规划技术管理规定》中分区容积率规定的不足之处，深圳规划院于 2003 年就开始研究《深圳市密度分区规定》，为城市开发强度控制提供技术依据。他们认为，虽然不能肯定每一地块确定的容积率是"科学"的，但起码能够保证它是"公平合理"的。在拥有一个统一的标准和操作平台之后，法定图则的编制和审批基本上能够做到有据可依，实现规划的"相对理性"。

在总规强制性内容中增加容积率分区规划，是有效解决总规部分问题的一个可选方案。在总规阶段制定容积率发展分区，控规阶段便可直接依据容积率分区和对周边地块的详尽分析，得出较为合理的指标控制体系。2012 年浙江省苍南县龙港、金乡等的多个总规中，都开展了容积率分区规划的探索，其有利的效果应该是可以期待的。

在平阳县南雁镇总规中，我们以街区为单位，以用地性质、容积率、绿地率、建筑密度等 4 个指标进行初步控制，并作为控规的参考依据；若这些指标确需修改的，则需提出理由和依据；最终以控规分幅图形成成果，作为管理与审批的依据。期望以此提升地块指标的合理性，增加控规对小地块开发的指导作用，减少控规对总规的修改频率和幅度。

(二)深化公建和基础设施的规划内容

1.深化认识

包括政府机构、社区设施、医疗卫生、文化体育、中小学、幼儿园、公园绿地

等非营利性公益设施和商业、金融、商务、菜市场等营利性公共设施,都是城镇重要的公建设施,交通、水利、土地、电力、通信、给排水等都是城镇正常运营的空间要素或资源,它们都属于总规强制性内容。

总规中的许多强制性内容是政府各有关职能部门的工作和管理对象,也是具体落实的实施主体。深入细致的部门规划研究成果,为总规的全面综合研究提供了必要的基础资料和基本思路与框架。基于空间资源、条件和整体发展目标与合理布局目标导向总体规划,也可为进一步深化、完善并有效落实部门规划提供全局性的条件和保障,两者互相依托,互相促进。因此,提高总规强制性内容的科学性、合理性和执行力,有必要进一步扩大并深化总规编制工作与各个有关部门之间的交流与沟通,在理念、方向、目标、数量、规模和布局等方面达成共识,形成并凝聚落实强制性成果之合力。

2. 细化分析研究

在容积率分区规划的基础上,根据用地面积、容积率、套型面积及比例、人均住宅建筑面积等各要素的分析研究,综合推算有关区域的人口容量,反复论证,再综合平衡与协调,以此来比较合理地确定区块内各种公建设施规模和布局,为控规提供切实可行的依据。

绿线、蓝线、紫线、黄线等虽然在总规中已被列入强制性内容,但由于通常只是原则性规定,没有详细的定线或定位控制要求,因此到了控规阶段,常常出于各种原因被突破、被压缩甚至被修改,尤其是一些小型配套更容易被忽略,如供电站(所)、移动基站、垃圾中转站、公厕等。这些保障性设施,有必要在城镇总体规划中进一步细化,落实到坐标或地块。

3. "五方"交流且协调整合

我们在编制玉环县清港镇总规的过程中,紧紧围绕县级政府、各个有关部门、所在镇政府以及当地各个村四个利益主体的各自诉求,发挥自身的规划综合协调优势,对各种重大的公建设施和基础设施布局方案进行多次意见征求,反复论证,综合平衡,力求强制性内容的合理性、可靠性和可行性,取得了比较好的后续效果。

(三)深化道路网规划设计

1. 合理确定道路网

道路框架是一个城镇发展的骨骼和血管。城镇道路是一个系统,等级有高低,宽度有大小,功能有差异,但各级道路都有其存在和设定的必要。并且在规划管理中也具有重要的作用。所以,小城镇总规的道路网规划有必要深化到支路、小巷。

2.确定各级道路的红线定位

在编制具备 1∶500 或 1∶2000 地形图作为底图条件的小城镇总体规划时,较为精确的定位各级道路红线坐标是完全可以做到的。比较复杂和困难的是,了解道路两侧哪些建筑是需要拆迁的,拟拆迁的建筑数量、状况等如何,各个利益相关者的诉求及其再平衡等,工作的确量大而复杂,这还需要多方面知识和能力的支撑。

对于一些小的乡镇来说,出于经济发展水平、实际工作难度等方面的考虑,道路网规划这项工作应该予以认真对待。笔者在平阳县南雁镇总体规划过程做过这种尝试,将道路网划分到街坊内部的小巷小道(3.5~4.5 米宽),并一一进行道路定位,取得了较好的实施效果。

3.确定老城区道路宽度和退让距离

充分尊重老城区的历史,因地制宜,对道路进行分段设置,是老城区道路规划必须考虑的。老城原有的建筑密度一般都比较高,虽然层数不高,但容积率并不低。如果按照"一刀切"的道路宽度,沿街的房子几乎面临着全部被拆迁的命运,这将大大降低老城区自主改造的可能性,同时将使老城区危、旧房改造陷于两难之境,也给规划管理带来很大的阻力。所以,深入地调查研究、综合论证,合理地确定道路宽度、断面形式和道路的退让距离,对规划管理来说非常的重要和必要。

五、结 语

小城镇总体规划是城乡规划体系中十分重要的一个内容,承上而又启下。根据规划实践,不断检验与检讨,不断深化与完善小城镇总规的理论、方法和内容的过程,也是逐步理顺城乡规划体系,提升其科学性、可靠性和可行性的过程。

通过开展容积率分区规划、深化公建和基础设施布局研究和论证、深化道路规划设计以及进一步扩大交流、强化各相关方之间的协调,来完善小城镇总体规划的强制性内容,增强总规的指导性,是包括理念、方法及至规划实例的系统性探索,需要实践的检验。本文所做的初步研究,期望能对小城镇总规编制工作的研究,以及相应方法和方法论的探索起到点滴的参考作用。

农村公益事业规划建设的理论与实践

——以浙江省玉环县"一事一议"财政奖补规划为例

【摘要】 本文阐述了农村公益事业的概念及其所起的重要作用,拟定了以人为本、公开公平、讲究实效等三个操作原则,并应用此方法论,指导编制玉环县"一事一议"财政奖补规划的行动框架和政策重点。

2010 年,玉环县委、县政府根据浙江省委、省政府的工作部署,在全县推开村级公益事业财政奖补试点工作。三年中,共实施项目 214 个;总投入 4 亿元,其中获得省级财政奖补资金 5697 万元,县级配套资金 5697 万元,整合其他涉农资金 1 亿元,带动农民筹资、社会捐资、村级集体资金投入 1.86 亿元;受益群众达 30 余万人,为加快美丽乡村建设和提升农村自治水平发挥了积极的作用,取得了显著成效。其做法在全省"一事一议"财政奖补工作推进会上,进行了典型介绍,得到了各方高度肯定和认可。

2013 年,财政部及浙江省财政厅、省农村综合改革办公室决定将促进美丽乡村建设作为下一阶段"一事一议"财政奖补工作转型升级的主攻方向,并将浙江玉环等 5 个县(市)列入全国试点县,要求先行编制专项规划,积累经验,提供示范。本文对 2012 年的规划编制和 2013 年以来的操作实践做一总结,供参考。

一、公益事业及其重要意义

农村公益事业是指由政府提供、与经济社会发展水平相适应、以满足公共需要为目的,全体村民公平、普遍享有的服务,包括产业服务事业以及教育、医疗、文化等社会事业和交通、给排水、应急防灾等基础设施事业。也可称之为公共服务(广义)。

公益事业是乡村经济社会结构体系中的核心要件之一,具有先导性。健全的公益事业体系可以保障和促进安居乐业,改善乡村人居环境质量,留住人力资源和本地资金,逐步建立自我生长机制;可以改善投资软环境,吸引外部人

本文原载于《中国城市化》2014 年第 11 期,作者为韩波、郭显银、李光安、夏振雷,内容有改动。

口、产业等要素,扩大内部市场容量,在"一产"基础上复合发展乡村型"三产"(观光休闲、养生度假、户外活动、自然课堂等);可以体现并提升农村城镇化的真实内涵,从而引导农村地区迈向可持续发展。[①]

在浙江经济社会获得较大发展、公共财政实力不断增长的现今阶段,依据社会公平原则,"优生活,促发展",把满足农村居民生活和生产需求的公共服务作为农村工作的出发点和归宿,是正确地制定美丽乡村建设规划和相关政策时应该把握的核心理念和重要原则。

二、"一事一议"规划的理念和原则

理念即看法、观点和思想,是看待问题、认识问题和解决问题的方向标或基准点。从不同的工作角度和重心出发,规划编制和具体操作的理念会有所差别。我们针对"一事一议"工作的基本性质,进行思辨与探索,将以人为本、公平公开、讲究实效作为本次规划与试点工作的三大主导理念。

一是以人为本。在规划编制和具体实施中"议"字当先,充分尊重村民之意愿,真正关注并尽力满足乡村民众、农村发展的合理诉求,为广大村民所想、所急并所做。认真办实事,而不是相反。

二是公平公开。在规划编制和具体工作中要严格执行"一事一议"工作的有关程序,自下而上,综合平衡。同时,既要突出重点,也要顾及边缘、落后乡村的实际困难,给予适当的财政资助。

三是讲究实效。"一事一议"工作试点任务重、时间紧,而农村基层的期盼和需求却十分急迫,要求高。因此,在规划编制和具体工作中,要努力做到因地制宜,一切从实际出发,提高效率,注重实效。

基于上述指导思想,本项工作的基本原则可以归纳如下。

(一)尊重民意,量力而行

发挥村民、村级组织主体作用,最大限度地解决村民需求迫切、与生产生活密切相关的小型公益类基础设施建设问题,以此调动村民参与美丽乡村建设的积极性。根据当地村民承受能力和经济社会发展水平,优选出适合村民自愿投资投劳的建设项目,做到量力而行。

(二)统筹规划,科学安排

"一事一议"财政奖补规划是实施美丽乡村建设行动计划、小城镇发展规划

---

①韩波,顾贤荣,李小梨.浙江村镇体系规划中产业、公共服务与特色研究[J].规划师,2012(5):10-14.

和各个相关部门发展规划的一个重要平台,应该努力做实调查研究和分析论证工作,做好与各个相关部门、各个有关规划之间的综合协调工作,做细项目的时序和资金安排,以利项目推进和落地建设。

(三)因地制宜,注重实效

立足本地实际,结合县域城乡一体化发展总体规划和新农村建设规划要求,合理确定村级公益事业建设三年规划的内容,重点奖补村民需求最迫切、利益最直接和"乘数效应"最突出的小型公益事业建设项目,突出财政奖补转型升级对新农村发展的先导推进作用。

(四)突出重点,整合推进

紧紧围绕提升基本公共服务有效供给这个核心,充分发挥"一事一议"民办公助和财政资金"四两拨千斤"的作用,集中力量办大事。同时,积极带动社会工商资本对农村的多元投入,实质性地推进美丽乡村建设,强化"示范效应"。

(五)立足当前,放眼未来

财政奖补三年规划是一个动态的实施过程,应根据资金筹措情况和项目的轻重缓急,合理安排年度计划。既要关注近期工作的落实,也要为将来的后续工作打好基础。

三、"一事一议"规划的总体目标

玉环县"一事一议"财政奖补三年规划和实施的总目标是,实现城乡基本公益事业均等化、空间布局系统化、乡村发展特色化。

(一)公益事业均等化

公益事业均等化是新时期国家战略的客观要求,农村社会经济发展的现实要求和广大农民的心愿,也是公共财政奖补的基本目标和归宿。通过公益事业均等化,缩小地区之间、城乡之间、不同群体之间在公益事业领域的差距和贫富差距,使公平与效率良性统一,提高农村劳动力素质,扩大农村消费需求,实现城乡统筹,促进社会和谐。

(二)空间布局系统化

空间布局系统化是把握美丽乡村发展方向的关键之一。"一事一议"三年规划首先秉承玉环美丽乡村建设"五环十带多点"的空间系统,具体项目布局按照"串点成线、连线成片、整体推进"的要求,统一规划安排各个片区内相邻村庄的公益事业。其次,以中心村和历史文化村落为节点,以景观带为轴线,构建地域相近、人缘相亲、经济相融的村庄组群,实现人口、产业、土地三集约,促进整体发展。

(三)乡村发展特色化

差异化发展是乡村特色化、可持续发展的核心所在。根据自然地理条件、资源禀赋和乡村民俗特色,玉环"一事一议"规划谋求保存并深度发掘各地有价值的差异性,打造一批能融乡村文化、旅游、产业等要素于一体,能彰显山海特色的多样化区块,实现差异性发展,促进差异性消费,整体提升美丽乡村建设水平。

四、"一事一议"规划的主要构想

(一)构建五大体系

"一事一议"三年规划的重点是构建基础设施、公共服务、产业服务、生态环境和乡风文明等五大体系。

1.基础设施体系建设

基础设施体系包括农村道路建设、生活用水供给、电力通信保障等内容,本次财政奖补的重点是村庄道路及供水部分。

村庄道路:玉环县目前仍有150多个村庄因缺乏经济能力而存在着道路交通的改善问题。计划设想用三年时间,投入约14000万元,解决140个城郊或边远村庄的道路改建问题(注:包含部分路灯工程)。

饮用水:针对约有40个部分山区村的饮用水未经规范处理的现状,计划三年内投入约3040万元,建设其中38个村的饮用水供水系统。

2.公共服务体系建设

农村公共服务体系建设的内容和标准设定,应当与玉环经济社会发展水平相适应,综合考虑政府和社会的承受能力;其规划与布局的均等化,必须以合理的村镇布点为前提,有利生活、方便生产;注重公共服务的多功能复合,探索建设农村文化服务、社会服务、商业服务综合体,满足多样化利用的要求,节约运行成本。

村级综合服务中心:主要包括便民服务中心、党员活动室、文化礼堂、会议室、社会服务管理站、青少年活动室、文体活动室、邮政站、办公管理用房等。现有101个村需要新建或改造,计划投入约12000万元,三年全部完成新建、改建。

文化健身休闲活动场所:包括小型广场、多功能球场、山体公园、健身活动场所等。文化健身休闲活动场所宜结合中小学、村综合服务中心、公共绿地等复合建设，以节约土地和提高设施利用率。

全县有 106 个村的场地和设施配套不足，另有 48 个村需配套社区设施。计划每年新建或扩建 15 个，三年共新建或扩建 45 个，累计投入约 4500 万元。

农贸市场：玉环现有的 31 个农贸市场中，有 11 个因各种问题需要改造。有关规划确定新建 25 个；"一事一议"计划三年奖补新建或扩建 9 个农贸市场，累计投入约 900 万元。

居家养老：玉环目前只有 3 个街道建立了 10 所社区养老服务站，仅占全县社区的 35.7％。2013 年，通过"一事一议"财政奖补实施居家养老建设项目2 个，社会反映很好。计划三年共新建居家养老项目 15 个，累计投入约 1500 万元。

游泳场馆：总体设想是，一方面，部分乡镇逐步建设较为规范的游泳场馆；另一方面，结合一些旅游景点，建设以休闲娱乐为主的游泳场所（由社会资本投入）。此外，在农村地区，结合实际需求，设想在夏季利用中小学场地、村庄小广场、露天篮球场等场地搭建临时游泳池，以满足需求。计划三年累计投入约 1200 万元。简易游泳池一个投资 3 万～5 万元。条件成熟的项目，可纳入"一事一议"财政奖补范围。

3. 产业服务体系建设

农业产业服务体系主要包括两个方面。一是农业产业化服务组织方面，主要有生产指导、营销服务和农资统一采购，降低生产成本；融资服务，提供小额金融贷款担保，建立农业基金会，为困难农户提供无息扶持基金；社会化服务，为农户提供育种、包装、冷藏、初加工服务等。二是政策扶持方面，主要是政府出台农村产业结构调整和土地流转等政策，以财政奖补形式，支持和引导农业产业化程度的提高、现代农业生产的发展。

政府以出台政策为主，重在引领工商资本投入，设立扶持基金。计划三年累计投入约 2000 万元，部分合适的项目可以整合后纳入"一事一议"奖补范围。

4. 生态环境体系建设

重点围绕村庄环境卫生整治、美化绿化、生态公墓、海岸线保护与修复、水资源保护、畜禽排泄物治理、水体整治、山体环境修复等方面进行。

环境卫生整治：(1) 全县有 12 个村急需新建公厕。计划三年累计投入约845 万元，予以全部完成配套建设。(2) 一些偏远村庄仍存在缺乏垃圾中转房、未实现垃圾日产日清运等问题。计划每年投入 400 万元，予以全部解决。(3) 全县农村污水处理设施覆盖率达 42％。计划结合五水共治，每年投入 700万元，重点对 7 个村庄实施农村污水整治。至 2016 年农村污水处理设施覆盖率争取达到 70％。

美化绿化：由县农办牵头，结合美丽乡村或重点区域建设，重点推进庭院绿化。每年投入360万元,三年累计投入约1080万元。

生态公墓建设:计划对整治、集中迁移安置老坟100座以上的10个村庄进行奖补;对建设骨灰楼、骨灰塔及树葬、花葬、草坪葬等生态墓地(村、乡镇、县级)的10个村进行奖补;奖补村庄以绿化生态方式改造影响城区环境、殡改前老遗体公墓。计划三年累计投入约2000万元,具体由民政部门提出意见,按"一事一议"规程实施。

自然资源保护:(1)海岸线保护的重点是沿海山体,禁止开采,逐步修复;(2)水源地保护,重点抓好畜禽排泄物治理、开垦山地的水土流失治理等问题;(3)水体环境保护与整治,主要是河塘清淤、小流域疏浚及综合整治,防治农业污染源与面;(4)森林资源的管护、景观林相的改造等。该类项目结合部门规划,整合财政资金,按"一事一议"规程由相关部门组织实施。

5.乡风文明体系建设

乡风文明体系建设,先行推进规范性制度、村民素质培训和文明创建活动等工作,实现各个层面村民思想观念、行为方式的"美丽"转变。

完善制度:结合社会主义精神文明建设的总体要求,全面修订、完善包括村规民约在内的村级管理制度。

素质培训:一是组织外出参观,学习各地优秀经验,并形成常态化模式;二是以多种形式对各层次人员进行培训,倡导文明健康的生活方式;三是加大对农民的职业技术培训力度,提高他们就业、创业和增收致富的能力。

开展活动:对各种文化、文明创新活动,进行试点、示范和奖励。

文化保护:挖掘、保护具有玉环地方特色的传统文化和民间工艺,注重传承,合理利用,加强保护。

加强宣传:通过宣传栏、电台、电视台、网络媒体、名人讲座等途径,多维度宣传国内外乡村建设发展的先进理念和成功经验,逐步提升乡村民众的整体素质。

(二)项目筛选与统筹

玉环全县公益事业建设项目的逐村调查、摸底和统计汇总显示,村级要求兴办的项目多达1063个,资金投入约需16亿元;进一步的梳理后,村级急需建设项目仍有639个,资金投入约6.6亿元。根据当前玉环财政能力及村级可承受能力,"一事一议"经过多次的论证和平衡,最终确定三年拟安排的优化项目为475个(不含产业扶持、垃圾清运、生态公墓和乡风文明类建设项目数),资金投入约52945万元,见表1。

表1　2014－2016年度"一事一议"规划财政奖补项目分类统计

项目大类	项目数/个	计划投资金额/万元
基础设施类	195	18740
公共服务类	196	20100
产业服务类	18	3080
生态环境类	66	8725
乡风文明类	—	2300
总计	475	52945

（三）项目空间布局

项目的空间布局结合县域美丽乡村"五环十带多点"的总体框架,重点是对服务辐射或影响范围超越单个行政村范围、具有整体性功能作用的建设项目,如农贸市场、中小学及游泳场馆、小型农田水利设施、生态防护林、水源地保护、生态公墓等做出合理布局。

（四）落实资金筹措

三年规划拟安排资金 52945 万元。其中,每年争取省级资金补助 5500 万元,三年共计 16500 万元;县财政配套 16500 万元;村级自筹 16500 万元;通过整合财政资金落实 3445 万元。以上资金含转型升级计划每年省级奖补约 3000 万元,不含工商资本投入的经营性项目资金。

三年规划重点倾斜奖补农村基础设施、公共服务类项目;对生态环境类项目,适度倾斜并整合部门资金投入;对于产业服务类项目,以出台政策并引导工商资本投入为主;对于乡风文明类项目,以鼓励试点示范为主。

（五）合理安排时序

统筹考虑,相对平衡,兼顾三年规划实施以后的延续性,在具体实施过程中实行动态掌握控制。

五、"一事一议"的重点措施

坚持从实际出发,严格执行相关政策。同时,解放思想,创造性地开展"一事一议"财政奖补工作。玉环"一事一议"的保障措施有多个方面,其中最主要的有以下三条。

（一）以项目为核心,增强可操作性

"一事一议"的项目一般由村"两委"讨论、研究提出,并广泛征求农户意见,

并经村民代表会议表决、公示等程序,因而大多是和群众需求最密切、利益关系最直接的小型公益项目。这突出了群众是新农村事业建设主体的地位,破解了以往建设项目的政策处理难题,大大提高了奖补工作的针对性和可操作性。

(二)实行民主监管,降低运行和管理成本

"一事一议"资金的三分之一以上来自群众筹资筹劳、社会捐助以及少量集体资金。项目出资的多元性使得资金的财务监管具备了广泛的社会基础,进而使基层创新能力得到激活。比如实行村干部工程回避制度、聘请群众内部的公信人士参与监管等措施,既确保了工程质量,又在一定程度上降低了项目运行和管理的成本。又如因地制宜,实行简化设计、强化现场控制、"包清工"等措施,达到财政奖补工作效率和资金效益最大化。

(三)引导公众参与,形成投资合力

坚持财政投入、筹资筹劳和社会捐助三轮驱动。首先,把每年预算安排的4000万元"美丽乡村"建设资金全部纳入"一事一议"财政奖补范畴,统一安排下乡进村办大事。其次,比较充分地调动了村民、村集体和社会等多方筹资和参与。据初步统计,后三者累计投入占投入资金三分之一以上,从而在某些项目上进一步拉动了工商资本的投入,使政府投入、社会投入、工商资本投入和村民投入有机结合,形成合力。

六、结 语

"一事一议"规划是财政部门统筹安排下乡进村的财政资金、实施农村公益事业建设的近期规划,针对性强,效率高,对从整体性上推动农村的可持续发展有重要意义和作用。但是,涉及县、乡(镇)、村三级和众多相关部门规划或意向的整合,内涵相当的广泛,工作难度比较大。其规划的编制和实施管理需要一定技术和人才的支撑,也需要更为完整、更加细化的有关部门规划或设计的支撑。本次玉环县"一事一议"财政奖补三年规划的编制和实施试点工作,在认知、理念、目标、五大体系构建、项目筛选与布局、资金平衡以及操作政策等方面所做的先行探索和方法论研究,可供乡村公益事业的规划、建设管理以及学术研究参考。

金华市铁路布局问题初探

【摘要】 本文分析了铁路交通对金华城市发展的重要作用和目前两者之间的矛盾,并从城市整体发展的角度,对铁路站场布局的多种可能方案进行了综合分析。

金华市地处浙江中部,金华江上游,义乌江和武义江的汇合处,联系华东沿海和赣湘内地的浙赣铁路通过此地。优越的铁路运输条件对金华地区的经济发展,以及金华市的发展起着巨大的推动作用。近年来,随着地区经济的日益繁荣和金华市的发展,铁路运输已不能满足客货运量急剧增长之需要,铁路布局也存在不少问题。根据浙赣铁路在全国路网中的地位和作用,铁道部门决定增建浙赣复线,并改建金华市现有的铁路站场和线路。所以,合理地布置金华市的铁路,关系到金华市总体规划合理与否,意义十分重大。本文就金华市城市总体规划中的铁路布局问题做一初步探讨。

一、以路兴城的金华市

金华古属越国地,到唐宋年间才形成城镇,至今已有 2200 多年的历史。历史上,其水运条件良好,由金华江上溯可抵永康、义乌等地,下行可至兰溪、杭州等地,优越的交通位置为金华市的发展打下了良好的自然基础。唐朝时在龙元间建筑城墙,城址位于现在的东市街处;宋朝时,金华人口众多,有"……境秩大众"之词;清咸丰年间,经太平天国革命,人口曾一度减少,但后又逐渐增加。古代金华市的陆路交通不甚发达,行旅维艰;水路是其对外联系的唯一孔道,水运埠头设在通济桥一带。

1937 年,浙赣铁路的建成通车,大大改变了金华市的对外交通条件,增强了其与其他地区的经济联系和文化交流,扩大了经济吸引范围,促进了城市发展。但是,金华地区没有大型工矿资源,所以,不可能发展较大规模的资源开发型的工业。然而,金华地区农业生产较发达,多种经营内容丰富,棉、柑、橘、梨、糖等在全省均有一定的地位,畜牧业也相当发达。据 1980 年统计,金华地区农业总产值占全省的 14%;柑、橘、梨产量属全省首位;棉花产量占全省 13%;年末生

本文原载于《城市规划汇刊》1982 年第 22 期,作者为韩波。

猪存栏头数为 291.38 万头,居全省第二位,且商业率较高。这为该地区发展以农副产品为原料的加工工业提供了优越的条件,如棉纺织、食品工业等。但是,农业生产资源密度低,易受自然条件的影响,这一特点从根本上决定了这类工业的规模不可能很大,并使这类工业易受农业生产丰歉年的影响。因此,目前整个地区还是属于农业型的区域经济结构,其特点就是没有一些大型骨干工业来带动全地区生产力的发展,相应地,其地区经济中心——金华市还是属于传统的农业区经济中心性质。

自然地理和经济地理位置的优劣,以及交通运输,尤其是廉价的铁路运输条件的好坏,对市、县经济发展具有重要意义,这一点从金华市发展过程与其交通运输条件变化的关系中明显地表现出来。清朝时,金华府的规模小于兰溪县,故有"小小金华府,大大兰溪县"之说法。兰溪县位于衢江和金华江的汇合处,当时是金华江和衢江流域,以至江西部分地区的农林产品与杭州及沿海平原地区的产品进行相互交换的孔道,经济吸引范围大于金华。水运条件较金华好,经济地理位置优越,因此兰溪县的规模大于金华府。浙赣铁路的建成,并在金华设站,提高了金华市在全省交通运输网中的地位。因而,新中国成立初期,金华市成为沿海至内地的运输转运中心和物资集散中心,在解放沿海岛屿期间,是后方军事基地之一。以后,随着以金华市为中心的公路网的形成,金华市的对外交通运输系统更趋完善。目前,金华市已成为浙江省中部最大的交通运输枢纽,它不仅担负着本地区的客货运输任务,而且还担当着温州、丽水、台州部分地区的客货运输,客货运量较大,见表1。

表 1 金华地区和金华火车站客货到发量情况

类 别	1975 年	1976 年	1977 年	1978 年	1979 年	1980 年
金华地区客运发送量合计/万人	526.5	542.5	496.6	517.7	562.7	649.2
金华火车站客运发送量/万人	131.7	143.1	127.6	141.5	169.2	200.2
金华地区货运发送量合计/万吨	312.7	313.3	375.7	429.1	429.2	446.6
金华火车站货物发送量/万吨	39.8	44.4	51.3	61.4	66.6	71.6

1980 年,金华火车站客运量达 200 多万人次,货运发送量和到达量分别为 71 万多吨和 97 万吨;1965 年至 1980 年,客运年平均增长率为 7.1%,货运年平均增长率为 6%;加上金华市是金华地区的行政中心,这些因素有力地推动了金华市的发展。虽然新中国成立后,金华至新安江修建了金岭铁路,通过兰溪,但是金华市在铁路干线上,兰溪却在支线上。正是这一交通运输条件的差异性,导致了金华市经济发展速度快于兰溪,以及金华市市区规模大于兰溪城关镇,见表 2 和表 3。

表 2　金华市、兰溪县工农业总产值对比

单位:亿元

市　县	1975 年	1976 年	1977 年	1978 年	1979 年	1980 年	"五五"期间平均递增/%
金华市	2.67	2.72	3.46	4.37	5.22	5.99	17.6
兰溪县	1.86	1.89	2.43	2.81	3.39	4.03	16.7

表 3　金华市市区人口和兰溪县城关镇人口情况

单位:人

市　县	1949 年	1975 年	1976 年	1977 年	1978 年	1979 年	1980 年
金华市市区	32949	78005	69052	78771	81233	89120	93043
兰溪县城关镇	31110	36608	38119	39415	41401	44049	45109

　　金华市城市用地发展方向,与其自然地形条件、不同时期交通运输条件的变化、水运埠头的位置以及铁路站场的布置,都有很大的关系。金华江和义乌江南岸,地势较低,易被洪水淹没,又是良田;金华江北部的北山山麓,地形起伏较大,道路等设施不易布置,交通联系不便;唯有金华江北岸沿江边一条狭长形的地带,地势相对较高,且较为平坦,这是促使城市沿金华江向西发展的自然因素。另一方面,历史上金华市由金华江下行至兰溪可通航 10～15 吨的木船,上行至永康和义乌分别可通航 10～15 吨的水泥船和 7 吨的木船。船只吨位较小,一个码头所能吸引的陆域范围相应地也较小,这样势必要求有较多的码头来满足商业、贸易业的发展。金华市在通济桥下游有较长的江边岸线,因此,除通济桥边的水运埠头外,后又在此下游开设了许多码头。至 20 世纪 50 年代,通济桥至九号码头之间几乎都是水运埠头。商业贸易区随码头的开设逐渐向西发展,城市也慢慢地向西延伸,其标志之一就是市中心由原来的东市街转移到西市街。

　　浙赣铁路建设时,其在金华市的站场设置在城市西面、金华江边,与水运联系方便,水陆联运极为方便;以后,金岭铁路亦在城市西面与浙赣铁路接轨。这样,便在城西形成了一个强大的运输枢纽,进一步拉动城市向西发展。20 世纪 50 年代末期,因义乌、武义二江上游兴修水库,破坏了生态平衡,水土流失严重,以致金华江上游河道缺水和淤积,从而失去通航价值。自此,铁路运输成为金华市对外联系的主要手段,在城市发展中的地位更为重要。市区的工业企业为了获得方便的铁路运输条件,沿铁路向西发展。城市不断向西发展的结果就是形成了目前东西长、南北窄,城市东面主要是生活居住区,城市西部主要为工业区、仓库和铁路站场用地这样一个基本的城市格局。

二、城市与铁路从互促发展到有所矛盾

城市发展初期往往希望铁路尽可能地靠近城市,甚至适当地深入市区,这既方便城市生产和生活,又使铁路站场有一定的依托。但是,当城市发展到一定阶段时,铁路深入市区会分割城市,给城市生产和生活带来不便。这样,城市就要求铁路迁出市区,布置在能适应今后城市发展的地方,这是城市与铁路发展关系中的历史辩证法。所以,铁路站场在城市中的布置,必须遵循这一规律,充分考虑未来城市规模和用地发展方向,让近期建设为远期发展留有余地。

浙赣铁路建成时,金华市区的人口规模不到 3 万人,城市在铁路以东,距铁路约有 2 千米。至 20 世纪 50 年代,城市才发展至铁路边,铁路正好从城市边缘通过,火车站距市中心——西市街较近,约 1 千米,又有畅通的城市干道——中山路相连,交通方便。因此,当时的铁路布局无疑是合理的。

随着城市不断向西发展,跨过了铁路,逐渐产生了铁路"分割"城市和城市"包围"铁路这对矛盾。由于城市在向西发展过程中没有统一规划,工厂和居住区混杂布置,特别是在铁路站场周围,没有预留铁路发展余地。"分割"给城市日常生产和生活带来了严重的危害,"包围"抑制了站场的发展,严重影响铁路的正常运行作业。这具体表现在以下几方面。

第一,铁路的运力和运量严重不相适应。根据历年客运平均增长率及最高月平均日聚集人数,从理论上推得现客运站设施应满足 1700 人同时候车之需要。然而,目前的客运站仅可供 600 人同时候车,大量旅客被迫在室外、街头候车;因浙赣铁路的通过能力已处于饱和状态,而金华站的地方货流量仍在继续增长,从而造成物资积压,货场紧张。

第二,编组场与城市道路的矛盾。随着中转货运量的增加,在金华站摘挂、解编作业的车辆数猛增。据了解,该站目前平均每天解编 800 节车皮,忙时达 1000 余节。因此,原有的设备已不能满足需要,但周围又无扩建场地。为了维持正常运行,铁路部门被迫于 1980 年在火车站至汽车北站沿铁路增设股道,解决编组作业场所问题。结果,这对城市道路产生极其严重的干扰,使城市东西向唯一的、交通最繁忙的主干道——解放西路受到严重阻隔。繁忙的解编作业不仅使道口封闭时间长,次数频繁,而且解编作业最繁忙时正逢该道路交通高峰时间,更加深了这对矛盾。据观察,在 5 点至 17 点的 12 小时中,兰溪门道口封闭时间累计达 4.3 小时,被阻总人数 4776 人,占该道路 12 小时人流量的 22%;被阻自行车 3403 辆,占 37%;汽车 429 辆,占 42%(调查日期是 1981 年 12 月 25 日;因年底汽油紧张,并且该天有几个大厂厂休,故此调查数偏小)。最长一次阻塞时间长达 33 分钟,被阻汽车有 37 辆,排队长度 100 余米(道口以东),后果是引起连锁反应,不但影响解放西路的交通,而且影响到八一路、人民

路的正常交通。

最后,在市中心进行大量列车的解编作业,将会比较严重地影响城市环境质量。来往不息的蒸汽机车,喷吐着滚滚浓烟,夹带着大量烟尘,伴随着刺耳的汽笛声,飘荡在市区上空。更为严重的是铁路与道路平面相交,道口管理难度较大,可能危及行人生命安全,造成铁路死亡事故增多。据统计,1979年发生伤死事故为26件,1980年为12件,1981年为26件。

根据现有调查情况来看,如果我们按照目前的客货运增长速度预计,则至1990年,客运量将达390万人次,货运量将达127万吨,相应的站场建设必将有一个较大的发展。但是,严峻的现实告诉我们就地进行扩建站场既无可能,也不合理。首先,无扩建余地,否则,势必要拆迁大量建筑,增加投资。其次,站场扩建规模愈大,与城市的矛盾愈尖锐,对城市的分割和干扰愈严重,城市布局也愈不合理。再次,金华站按现行编组分工,只担当区段和另摘列车的解编作业、直通列车在此更换机车;浙赣复线建成初期,金华站仍为区段站,远期发展成为编组站。因浙赣铁路建设年限较早,其线路标准已不能满足现代化要求,如市区内有的线路转弯半径仅二三百米。权衡利弊,只有另选新场址进行改建,才是符合客观规律的、切实可行的上策。所以,在浙赣复线的建设规划中,对金华市铁路站场提出迁建的方案,这无疑是必要的。

三、铁路站场布局方案的比较与选择

金华市铁路布局的合理与否,直接影响到城市总体规划工作,而城市铁路布局的关键在于铁路站场的布置。因此,在站场布局中,既要从城市整体利益出发,有利于对市区内的工作、生活居住、道路交通等要素做出统一的、合理的安排,为城市总体规划创造良好的技术经济条件,又要充分考虑铁路部门的营运和技术经济效果。

关于金华市的铁路布局问题,铁路部门早有设计方案。该方案较多地考虑了铁路部门的要求,而较少兼顾整个城市的布局问题。为了充分利用自然地形、减少土方工程量以及充分利用既有铁路设备,该方案规划将新建编组站、客车整备站、客运站呈纵列式紧靠市区北侧布置;保留原有站场,改建成货场;利用原有分割市区的南北向路段作为编组站与货场之间的联络线。从城市规划角度来看,铁路部门的铁路布局方案存在不少问题,与城市总体规划实难密切配合,对城市干扰较大。例如,占地大、与城市关系不太密切、对城市干扰较大的编组站紧贴城市生活区布置,将占用大量宝贵的城市建设用地;客运站的位置过偏,不能与城市生活区的布置相协调;编组站与货场之间的联络线对城市干扰较大,仍然严重阻隔解放西路,不利于城市内部交通系统的组织。

在编制城市总体规划中,关于金华市的铁路布局问题,曾有设想浙赣复线

从金华市南面通过。从更长远的观点着眼，这个方案，一则可以彻底解决当前金华市铁路布局中存在的重大问题；二则金温铁路的修通，并在金华站接轨，将进一步提高金华市在全省交通运输网中的地位，从而促进城市的发展。现金华市区环境容量已基本上处于饱和状态，但是，金华江南岸、距市区约 5 千米远的大王山一带，现已有一定的工业基础，用地、用水条件较好，是城市发展比较理想的场所。因此，铁路从南线走，可以解决城市远期的发展用地。然而，这一方案土方工程量大、投资多，并且近期铁路发展难以和城市发展相协调，所以这一方案也不太理想。最后，通过反复研究推敲，多方案比较，做出了金华市铁路布局的规划方案。这一方案能较好地解决当前铁路布局中存在的一些重大问题，并且能够较好地兼顾城市总体布局和铁路布局的基本原则。

首先，考虑到编组站占地大，但与城市关系不太密切，因此应把它布置在规划市区以外。根据金华市周围的用地条件，市区西北面用地条件较差，编组站尚难布置；城市北面，地形起伏大，土方工程量大；城市东北面用地条件较好，土方工程基本上能就地平衡，然而城市东面主要是生活区，且城市主导风向是北东东风。为此，编组站宜布置在东关附近，这样既可节省大量宝贵的城市建设用地，又可减少编组站对城市生活区的干扰。

其次，金华市是一个近 10 万人口的小城市，公共交通事业还不发达（也无必要），虽然今后将有所发展，但不会很快。因此，在客运站的布置上，应充分考虑旅客步行的要求，在不影响城市生产和生活的前提下，客运站应尽可能地靠近市中心布置，并与城市生活区取得密切的联系，以方便人流的集中和疏散。考虑到金华市区功能分区现状，城市道路系统特点（即八一路以东，道路网较密；八一路以西，道路缺乏，且较难开辟新干道），以及铁路部门所做的铁路布局方案中，客运站的位置太偏——距市中心和城市生活区太远，与城市道路系统难以协调，这样势必会导致大量东西向移动人流的产生，加重由工业区和生活区短边相接而引起的对东西向主干道压力太大的矛盾，故把客运站布置在八一路北端，这样既靠近市中心和城市生活区，又便于和道路系统密切配合，有利于集疏运系统的组织。

最后，编组站与货场之间的联络线应怎样布置，才能做到既能充分利用既有铁路设备和线路，又可减少对城市的干扰？铁路部门提出的浙赣铁路线改建设想是，原金华火车站继续利用，改建成货场，这从我国现阶段经济实力单薄的国情来看，是完全必要的、合理的。但是，铁路部门提出的利用现在分割城市的南北向路段作为编组站与货场之间的联络线，这不太合理。我们规划编组站与货场之间的联络线从城市西面引入，废除南北向的铁路，将它改建成客运站的站前道路，理由如下。

第一，上已述及，金华火车站的货运量今后要有较大幅度的增长，特别是来自浙南温州地区的货流量,然而,金温铁路的建设至今尚无一个方向性的规划,何时实现难以预料。因此,金华站的货运任务将更为繁重,与编组站之间的联系也将日益频繁;与此同时,城市也在不断发展,人口、交通流量以及城市东西两区之间的联系也与日俱增。在这样的情况下,若仍保留南北向的铁路,无疑会对城市产生更大的干扰。

第二,兰溪门道口无建设立交的条件(跨线桥和地道式)。道口东侧,紧贴八一路和附近的多层永久性建筑;道路口西侧,有 $2\% \sim 3\%$ 的上坡道,且道路两侧也布置有多层永久性建筑物。若在兰溪门道口建立交,一是严重影响解放西路和解放东路两侧的建筑物;二是由于受立交桥坡度的限制,解放西路和八一路也将成立交,这就给这两条主干道的衔接带来极大的困难,破坏了整个道路系统。

第三,货车进出货场,对城市的环境污染和噪声干扰比较严重。综上所述,废除南北向的旧铁路,编组站与货场之间的联络线改从城市西部引入,这才是合理的。

后　记

从 2019 年年初二动工，经过整整一年的时间，终于把前四十年学习与工作的主要思考和体会，整理成书。写作本书的目的有：其一，衷心感谢恩师胡序威、王嗣均、陈德恩、胡仁法等老先生的长期关心和谆谆教诲；其二，深切怀念宋小棣老师——我的姨父、人生领路人和学业导师；其三，作为亲历者和受益者，以此书纪念 1978 年杭州大学开办经济地理（城市规划）专业本科、1985 年首招硕士研究生、1989 年建立区域与城市科学系、1990 年获经济地理学硕士学位授予权等事件，纪念近 20 年学习和工作的校园及年代。

过去的 40 年是我国改革开放、快速发展的好时代。其间，我有幸进入高校学习，参与重大课题的研究与实践，并有较多的时间调研基层以及静心思考。

（一）1978—1988 年，专业和社会学习的十年

1978 年，我从地处偏僻、条件艰苦的上虞县第九中学（下管）毕业。那时，虽然学校师资一流，可我学习成绩只排全校 20 位左右，因此，当兵就成为当时比较理想、又实际可行的选择。然而，那年的高考，我却有幸成了全校 200 多名考生中考上大学的 2 名之一。于是，未满 16 岁的我进入了杭州大学地理系经济地理（城市规划）专业学习。

大学四年中，生活上有国家的关心和资助，学习上有老师的精心施教。那个年代，校园的学习氛围非常浓厚，我也很努力。经济地理（城市规划）比较难学，许多科目的好多内容，我似懂非懂，学习成绩一般般。感觉没有学到什么，提心吊胆地毕业，走上了社会，是我那时的真实心情。在校期间记忆深刻的一件事情是，结合金华市城市总体规划实习，我试着写了一篇有关铁路布局问题探讨的小文章。王嗣均、陈德恩及宋小棣老师对此文写作给予了很多指导；《城市规划汇刊》编辑部的陈运帏先生非常认真，耐心且仔细地给我书面回复了需要修改的地方和式样。此后，我又经过一番努力，这篇小文章终于在《城市规划汇刊》1982 年第 22 期上发表了。

大学毕业，我先到上虞县财政局下属的上虞县房地产管理委员会报到，在"三临机构"的县城建办做具体工作；半年后调到上虞县计划委员会工作；1984 年机构改革，转入新组建的上虞县城乡建设环境保护局。在上虞工作的三年

里,组织上非常关心我,送我去县委党校学习;把局建设股管理工作交给我,以此锻炼我;老同志们教我怎么读报看文件,还经常出题考查我;计委副主任胡仁法更是手把手教我搞调查、拟文件、写汇报和答复提案,经常带我参加部门协调会等。在工作上,虽然我培训过全县 156 名村镇规划助理员,做过全县城镇测量、调查、规划、鉴定和起草县政府批复,做过县城规划并向县班子汇报方案以及建设项目选址管理等工作,但因为理解能力有限,领导的很多指导意见,我领会不深;不少工作事务,我做得不到位。至于基层工作的收获,最初觉得是当时提出的县城跨曹娥江发展设想,在不久的 1990 年就成为现实。到了 1988 年研究生毕业,又一次走上社会工作后,我才深刻感悟到基层工作的最大收获是上虞的领导们所传授的注重实际、调查研究、综合协调的理念与方法。它非常宝贵,让我终身受用。

1985 年,我考取了杭州大学地理系人文地理专业的首届研究生,先师从王嗣均老师学习人口地理,后转跟宋小棣、陈德恩老师学习区域规划与经济地理。在这三年里,我学习算是用心,可是领悟上困难还是不少,学习成绩还是一般。我感触比较深、比较愉快的三件事情是:(1)反复地看王嗣均老师的文章——文风严谨,逻辑严密,条理清楚,论据翔实,简明扼要,在研究问题中非常注重方法论。在他指导下,1987 年我试着模仿、写作并发表了第二篇文章,即《关于城乡划分标准问题的几点意见》。(2)1987 年 4 月跟随宋小棣老师到上虞,参加了由胡序威先生主持、为期一个多月的《中国海岸带社会经济》一书的编写工作,全过程聆听了胡先生对各章各节编写的详细指导。在轻言细语的娓娓道来中,先生就梳理出了一条条高度综合、重点明确、条理清晰、易于操作的指导意见。这是一次非常难得的实战学习课,为我参与、承担从 1990 年开始、历时 5 年的"浙江省海岛资源综合调查与开发研究"这一重大课题,做了一个比较充分的预备。(3)和同事们合作,获得了杭州大学 1988 年校运会教工组 4×100 米和4×400 米接力的两枚金牌。

(二)1988—2000 年,教学与科研,跟着学与做的十年

毕业留校后,我先跟随蔡一波和宋小棣老师,分别讲授经济地理学导论、区域规划两门课程。1995 年调到浙江大学建筑系后,我讲授近现代城市规划思想评述、城市经济学、城市规划理论与方法等研究生课程,并与同事一起辅导居住区设计课程。这些教学工作使自己以前所学的理论知识逐步清晰化、条理化和系统化,也使知识结构有所拓展和充实,特别是补习到了许多详细规划、建筑设计等方面的基础知识。

1988 年,国家科委与联邦德国技术合作署选择浙江金华作为试点,开展中德农村区域协同发展规划研究项目,宋小棣老师是中方负责人。在规划过程中,我们团队翻译、学习了区域与城市开发——方法论框架、目标导向的项目规划和德国下萨克森州空间布局规划纲要等一批宝贵的资料,多次面对面请教德方地理、社会、生态及环境等研究方向的专家,多次跟随他们到实地调研考察。后来,宋小棣老师又赴德实地考察,带回了许多资料和他的新感想、新见解。这个实战项目涉及的理念、理论和研究方法等,带给我很多的启示和收获,特别是方法论方面。

以课题带科研,以科研促教学。我跟随宋小棣、陈德恩、蔡一波等老师,主要做了以下三项比较重大的课题。

第一项是1989年的浙江省自然科学基金项目"浙江省海岛环境资源承载力研究",把经济学门槛理论与城市规划中人口规模、用地要求、水和用地资源条件等结合起来,对环境容量进行评估。在此基础上,我总结成了《门槛分析法在区域承载力测算中的应用研究》一文,获浙江省科协优秀论文奖二等奖。

第二项是1990年国家科委、计委、总参谋部等五个部委联合组织的"全国海岛资源综合调查与开发研究(浙江部分)",历时五年,成果由浙江科技出版社出版,获浙江省政府科技进步奖二等奖。这个项目既是我消化、吸收并实际操练前辈传教的组织、调查、研究、沟通、协调等各种方法的一个大舞台,又使我比较全面地了解了浙江沿海的实际情况。此项目与后续开展的沿海地区的课题一起,构成了我近三十年学习、研究及工作的空间地带和专业基础。

第三项是1994年的绍兴县县域总体规划项目,成果由杭州大学出版社出版,获浙江省政府科技进步奖三等奖。当时该项目的重大背景是我国正开始快速向社会主义市场经济转型和国家正式发布可持续发展战略;主要的困惑和挑战是,绍兴县位列全国十强县市,是浙江省的首富县,未来朝何去?目标在何方?此其一;其二,以往"产业组织空间"的规划模式因指令性计划日趋淡化而遇到挑战,依靠何种依据进行空间组织?其三,当年7月"中国21世纪议程"提出的多目标、多任务的可持续发展规划是个新课题,国内没有现成的参考,怎么去操作?为此,我们参考日本、德国的理念和经验,运用宋小棣老师提出的"自然环境、生产环境和生活环境组合而成的物质实体区域"、"空间诱导产业"(筑巢引鸟)以及"空间优化原理"等新认知和规划方法,建立了包括经济、社会、环境、科技和社会保障福利安全等五大类二十五个小类的县域综合发展目标,来指导、谋划"一个中心、两个发展面(北部城镇化发展面和南部新型生活空间发展面)、三级城镇空间结构、四块开发区和五大城镇组群"的全域空间发展框架。从今天来看,这个规划的主体方向和方法论仍然具有重要的理论和实践价值。

其他比较重要的课题或项目有"浙江沿海开放区发展战略研究"(浙江省社科"七五"课题,1990年),"舟山市国土总体规划"(1988年),杭州湾北岸国土规划(1992),"宁波穿山半岛空间发展战略研究"(1994年),临海市、玉环县、三门县、乐清市、富阳市等城市总体规划(1992—2000 年),以及"杭州市钱江新城概念性详细规划招投标项目"(浙江省城乡规划设计院中标,2000 年),武当山风景名胜区总体规划(修编,2015 年)等。

在宋小棣老师带领下,1988—1995 年我们团队成员撰写了一批文章,其中有的当时投稿刊发了,有的没有发表(打印稿)。这些文章现收集于本书,既是对具体理论问题的探索,也是对研究具体理论问题的方法论思考;既是我写作此书的重要基础,也是科学研究方法论对实际问题研究活动发挥具体指导作用的实际事例。此外,这些文章也作为那个时期的回忆与留念永存心底。

(三)2001 年以来,下基层,做调查,思考与总结的二十年

从 2001 年起,我先后接手了几个县(市)规划设计单位的业务指导工作。下基层的目的有:一是县(市)规划工作的实际需求;二是可以给年轻人多一些直接帮助;三是可以不断地了解到真实且最新的基层情况。为了做好业务指导,我对经手的重点项目做过很多调查研究,坚持跑到、看到和问到,经常与县(市)及部门领导、基层工作者、企业家、村民和店主等交谈,时常观察田间地头、商业街和住宅区、村居改建、建筑工地、路上人流及车流等变化情况,把信息和想法带给规划设计人员,让他们在项目研究中予以关注与回答。此外,2003 年起我以浙江省城市规划学会(协会)副秘书长参与社会工作,为省建设厅和行业广大会员做一些力所能及的具体服务工作,一直至今。

近二十年来,我先后主持了浙江省推进城市化办公室委托的"浙江省城市规划管理技术规定研究"(2004 年)、"浙江省小城镇规划与建设发展问题研究"(2011 年)等重大课题,服务浙江经济社会和城市化发展事业;并在实践、学习和思考的基础上,我陆续写作了《论我国城市规划工作的改革和发展》(2005 年)、《控制性详细规划:理论、方法和规则框架——基于可持续发展思想、经济规律和法治理念的探索》(2010 年)、《浙江省村镇体系规划中的产业发展、公共服务和特色规划研究》(2012 年)等文章,探讨规划理论和方法问题。这期间,我一直跟踪国家发展战略的演进和国内外区域与城市规划的新动向,特别关注 2005年学术界关于城市规划方法论的讨论。2013 年开始我比较系统地收集、学习科学方法论方面的有关文献,专心思考区域与城市规划研究方法论的一些问题;与有关地方管理部门一起座谈交流,听取反馈信息;也在规划设计项目研究和规划管理工作中不断尝试方法论的针对性和有效性。例如,2016 年苍南县龙港大桥拆迁安置地块规划设计工作受设计规范变化影响而不断延误,工程长期无法启动,管理部门感觉很棘手,民众因多年无法回迁安置而多次上访反映意见。在一次沟通协调会上,我试着从可持续发展思想、法治理念和建筑环境影响评估等角度,以建设小项目、解决社会大问题的观点,跟与会的县规划局及相关部

门、镇政府、村委以及村民做了短时间交流、沟通,结果各方很快就达成了共识,快速推进了项目进度,切实解决了这个难题。

关于区域与城市规划方法论这个课题,我曾思考了七八年的时间,但实际写起来还是觉得有许多困难。一是难在方法论参考资料比较稀缺;二是难在有关的方法论文献多由哲学、社会或自然科学研究者所撰写,表述比较深奥,内容比较分散且不完整;三是规划方法论所包括的内容很多、很广泛——有多少个问题,就至少可以有多少个与之相对应的解题方法论。因而,本书选取个人认为理论方面最重要、实践角度最需要以及具体操作最实用的五个小点,做了一些初步的思考。其中,关于研究对象的认识方法、空间优化原理与实体地域规划方法,借鉴了很多宋小棣老师先行的研究成果和观点,再结合自己学习、实践的体会与想法;关于"区划思维—土地利用规划"方法和"综合思维—复合集成规划设计"方法的探索,则运用以客观事实为基础的实践方法或物质工具,尝试了逆向论证它们在区域与城市规划方法论体系中的重要意义及作用的新路径,并且结合国家所关切的重大现实课题,提出了若干解决方案的思路。

我是从人文地理、经济地理与城市规划的交叉专业进入区域与城市规划方向的,自然地深受地理学思想与传统、理工结合教学法的熏陶。地理学注重"务当世之务"、致力创新、交叉发展等"经世致用"的科学精神,时刻警示、激励我求是务实,努力探索;地理学重视空间、区域、人地关系、地球系统等宏大格局的研究传统,时常吸引、引导着我;地理学强调规律、区域、综合、实地考察、大区域研究与小空间设计相结合等研究方法论,经常规范、训练着我在区域与城市规划方面学习、思考与实践的视野、视角、重点和方法……。从而,我的工作变得有意义、充满新鲜感和乐趣,避免了心理内卷化的影响。总之,学点地理学,个人觉得比较管用、有用和好用。

在本书写作过程中,胡序威先生、王嗣均老师提出了许多有价值的指导意见,在此表示衷心感谢!另外,詹敏、杨介榜等友人帮助绘制、校对并打印了书稿中很多文章和图件,对此一并表示谢意!

韩波
759350117@qq.com
2020 年 5 月 6 日